VOYAGE

EN

TERRE SAINTE

SOUVENIRS D'UN VOYAGE

EN

TERRE SAINTE

PAR

F. DE SAULCY

MEMBRE DE L'INSTITUT

(Académie des Inscriptions et Belles-Lettres)

PARIS
21, BOULEVARD MONTMARTRE, 21
A LA LIBRAIRIE DU PETIT JOURNAL
1867
1866

PRÉFACE

L'auteur de ce livre ne s'attend guère à cette préface, et le public encore moins. Mais il convient qu'un éditeur ambitieux sache accepter la responsabilité qu'il assume sur lui, lorsqu'il pousse un auteur dans des voies nouvelles. Nous le faisons d'autant plus volontiers, qu'il n'y a pas de grands risques à courir.

Un des plus énormes fagots de la forêt des préjugés est certainement cette réputa-

tion d'aridité & d'ennui qu'on a voulu faire à la science en général, aux études & aux recherches. Que quelques savants soient ennuyeux, on ne saurait le nier absolument ; mais les fautes du prêtre n'atteignent pas sa religion. La Science a hérité de la baguette magique des fées ; elle reconstruit & devine ; elle transforme & prédit ; elle ranime les vieux os & les carcasses desséchées ; elle évoque les créations perdues, disparues de la surface du globe ; avec un vieux tesson, elle obtient une amphore & surprend les secrets des civilisations antiques. Cette grand'-mère, douée d'une éternelle jeunesse, a des charmes profonds & des séductions irrésistibles. Quelques-uns l'entendent & la comprennent. Pourquoi sont-ils si rares ? C'est que nous passons auprès de cette sirène, comme les sourds de l'Écriture ou les compagnons d'Ulysse, les oreilles enduites de cire ou solidement garottés au mât du navire qui porte nos intérêts, nos passions & notre paresse. Et puis, on a des préventions. Il est si facile de dire du mal de ce qu'on ne connaît pas.

Mais il est difficile de le faire de bonne foi. Avez-vous assisté au phénomène qui se produit, quand des profanes sont introduits dans les assemblées où se débattent de hautes questions scientifiques? Si la parole de l'initiateur est précise & claire, s'il sait débarrasser la déesse des voiles techniques & des bandelettes conventionnelles; si, comme Platon, il atteste la vérité en sacrifiant aux grâces, le charme se répand peu à peu sur l'auditoire, fût-il habillé de rubans & de dentelles. Et cette séduction produit des miracles. Les esprits les plus frivoles comprennent désormais cette attraction vers une idée, un temps, une chose, dont ils ont ressenti les lointains effets; ils ne raillent plus; ils admettent qu'un homme retrouve un pot cassé avec l'effusion de cœur de Jean-Jacques Rousseau quand il retrouva la pervenche.

Un pot cassé ou le Temple de Salomon, même chose. On rebâtit un monument avec une pierre; on refait une époque avec des médailles. Les laboureurs furent les premiers antiquaires; les terrassiers les pre-

miers géologues. La pioche et la charrue, en retournant le sol, ont retrouvé l'alphabet des langues perdues & les éléments des sciences nouvelles. Il n'y a rien de petit dans ces questions.

Certes, si quelqu'un doit rester étranger à ces débats & n'a pas besoin d'être défendu, c'est bien ce charmant & aventureux esprit qu'on appelle Félix de Saulcy, le grand explorateur de l'Orient. Il est savant à faire trembler, mais en même temps, il est Français jusqu'au bout des ongles. Ceci corrige cela. Il se promène dans la vallée de Josaphat, mais il y fume un cigare. Une verve humoristique court au travers de ses récits; il fait de la villégiature au bord de la mer Morte; il flâne comme un touriste dans les pays légendaires, remplis de souvenirs bibliques; il prend Jérusalem, la rend palpable et vivante, et la met à la portée de tout le monde.

On s'intéresse alors à la ville sainte; on l'aime presque davantage de la respecter un peu moins. Est-il possible qu'elle soit aussi mal pavée? Voilà donc la vraie Palestine.

Vous convient-il d'entrer au cabaret? Allons, l'enseigne est engageante. Voilà le

CAFÉ DU JOURDAIN

A LA MER MORTE

On sert à boire et à manger (*).

Pourtant, on n'est pas membre de l'Institut pour rien. F. de Saulcy est infatigable ; il part dans le brouillard, arrive sous la pluie, revient avec l'averse. On a froid dans le dos pendant qu'il se mouille ainsi ; on se met à l'abri ; on saute quelques pages pour trouver du soleil. Mais à peine êtes-vous assis sur une pierre, en train de vous sécher, que l'intrépide voyageur vous dérange. Il faut vous lever. Vous êtes un sacrilége. Regardez un peu la pierre que vous venez de quitter ; ce n'est pas une pierre comme les autres. Lisez l'inscription. Vous pâlissez, et c'est bien fait. C'est sur cette propre pierre qu'est monté Josué pour parler de plus près au Soleil.

(*) Historique.

Eh bien! Félix de Saulcy ne se contente pas d'être le plus aimable savant du monde, il veut ne pas être savant du tout.

Quand je lui avouai, avec quelques appréhensions, que son voyage me paraissait un peu trop amusant pour avoir été écrit par un homme sérieux, il me répondit : « A la bonne heure ! Puisque vous trouvez ce voyage amusant, faites-en une édition populaire. Il est temps qu'on sache que Jérusalem est à douze jours de Paris. Une croisade serait l'affaire d'une quinzaine. Je vous donne mes récits & mes paysages, mes causeries & mes impressions de voyage, mes images & mes traverses. Prenez-moi ces deux gros volumes; retranchez-en l'archéologie & la polémique, la géographie & les versets de la Bible, l'hébreu & le latin. Imprimez, répandez, popularisez à votre aise; je remets mon livre entre vos mains. »

J'ai usé de la permission; j'en ai même abusé, mais avec une arrière-pensée; c'est que de ce petit livre on passera très-probablement aux gros. C'est un échantillon que j'offre, un piège que je tends à la curiosité, un traquenard à prendre le public.

J'ai donc coupé hardiment dans le vélin; j'ai pris à travers champs; j'ai extirpé l'hébreu; j'ai amputé l'archéologie; j'ai cousu et ressoudé le récit démembré; j'ai eu la férocité de présenter ce travail à l'auteur lui-même, en lui demandant son approbation. Il ne me l'a pas donnée.

Tout ce qu'il m'a promis — avec peine toutefois — c'est de ne pas me faire de procès & de me conserver quelque amitié. Encore faudra-t-il que le temps passe là-dessus. Il m'a serré la main en détournant les yeux. J'avais encore aux doigts des textes de Josèphe; le sac de la forteresse d'Hérode avait laissé des traces sur mes vêtements. Pièces de conviction.

C'est à l'avenir à cautériser ces plaies.

Maintenant que j'ai hautement et librement avoué mon forfait scientifique, j'ai l'esprit plus tranquille, et je passe au récit des événements dont F. de Saulcy fait un avant-propos à son journal de voyages.

En 1851, *le hardi voyageur avait exploré déjà une grande partie de la Syrie et des rives de la mer Morte. Cela ne s'était fait qu'au prix de beaucoup de dangers et de fatigues; on n'entretenait de bonnes relations avec les Bédouins de l'endroit que le fusil d'une main et l'argent de l'autre. Deux ou trois fois, l'expédition faillit laisser sa peau en Terre-Sainte. Ces choses là attachent. Depuis son retour en France, F. de Saulcy regrettait singulièrement ces bords inhospitaliers. On contestait d'ailleurs ses observations & ses découvertes; les voyageurs* en chambre *affirmaient qu'il avait mal vu; ils le crièrent si haut, que Saulcy s'en émut lui-même, et qu'il résolut de retourner en Judée, ne fût-ce que pour faire amende honorable à la vérité, s'il se prenait en faute.*

Il partit au mois d'octobre 1863, *accompagné de M. Auguste Salzmann, photographe et archéologue; de l'abbé Michon, l'un des compagnons de son premier voyage, et de M. le capitaine d'état-major Gélis. Un firman fut obtenu de la Sublime-Porte, pour autoriser les fouilles que l'expédition jugerait à propos de faire; ce firman fut envoyé en double expédition à Beyrouth & à Jérusalem. Deux amis, en outre, se joignirent à la caravane — pour le plaisir.*

Nous avons conservé, dans cette édition populaire du Voyage en Terre-Sainte, *la division du récit par journée, établie déjà par F. de Saulcy. Il nous semble que cela permet de suivre les voyageurs de plus près & que l'intérêt général ne peut qu'y gagner.*

Voilà donc nos gens en route. Bon voyage!

G. Richard.

Avril 1866.

IMPRESSIONS DE VOYAGE

EN TERRE SAINTE

Vendredi, 16 octobre 1863.

A dix heures et demie du matin, nous avons franchi sans encombre les passes d'Alexandrie, toujours redoutées par les navires qui ont un grand tirant d'eau. Nous longeons la plage basse de sable mêlé de rocailles, sur laquelle feu Saïd-Pacha a eu l'heureuse idée d'implanter le Meks, qui est sans contredit le plus saugrenu des palais passés, présents et futurs. Ce palais abandonné, qui croule aujourd'hui de toutes parts, n'a pour verdure environnante que d'affreux petits moulins à vent, qui se démènent comme des enragés aussitôt que le vent souffle de n'importe où. Mais ne médisons ni du Meks, ni des moulins d'Alexandrie, puisque ce sont eux qui, fournissant aux pilotes ce que les marins appellent des *amers*, les mettent en mesure d'éviter aux navires qu'ils dirigent le désagrément de se perdre sur les roches qui encombrent l'entrée du port. Il en coûterait quelques millions sans doute pour affranchir toutes les marines de l'univers de semblable appréhension ; mais dépenser efficacement quelques millions pour atteindre un but qui ne lui soit pas exclusivement utile, voilà qui n'est pas admissible pour un gouvernement turc. Donc, le port d'Alexandrie restera inabordable pendant la nuit pour tout le monde, et, pendant le jour, pour tout vaisseau non muni d'un pilote alexandrin, jusqu'à..... la consommation des siècles. Quant à ces pilotes, ils forment une corporation qui se fait payer largement, afin de subvenir au partage léonin que lui impose le fisc. Lorsque le pilote employé réussit à entrer son navire, il touche la plus faible part de l'argent qu'il a légitimement gagné ; mais lorsqu'il ne réussit pas, il touche tout seul les coups de bâton qui lui sont assurés dans ce cas, et cela sans que le gouvernement prélève rien sur ce genre de recette. Chez les bons Turcs, tout est organisé sur ce modèle-là.

Nous voilà donc mouillés et amarrés sur la bouée des Messageries impériales, attendant, pour débarquer, que la Santé ait reconnu que nous ne cherchons pas furtivement à introduire la peste en Egypte. Avant l'arrivée de l'embarcation de la Santé, dont nous cherchons, mais en vain, l'affreux petit pavillon jaune, revenons un peu en arrière, et disons quelques mots de la traversée que nous venons d'effectuer.

Nous avons quitté Marseille le 9 octobre, à deux heures et demie après midi, sur le *Meïnam*, magnifique navire des Messageries impériales, destiné à faire, dès l'an prochain, le service de l'Indo-Chine.

En sortant du port de la Joliette, nous avons immédiatement trouvé une mer passablement grosse, laquelle nous a procuré un roulis d'assez bonne constitution pour mettre à mal les estomacs qui se croyaient, au départ, à l'abri de cette désagréable influence. L'abbé Michon lui-même, l'abbé que j'ai toujours vu plein de sérénité, malgré roulis et tangage, subit cette fois la mésaventure commune. Ceci me donnerait à réfléchir, si je ne ressentais pour tout mal l'appétit féroce que la mer m'inflige d'ordinaire.

Jusqu'aux bouches de Bonifacio, nous avons joui sans interruption des plaisirs de l'escarpolette; mais là, par une mer douce comme le plus innocent des lacs, nous avons vu apparaître sur le pont une foule de visages de tout âge et de tout sexe, dont nous ne soupçonnions pas la présence à bord. Puis sont venues les connaissances bientôt faites et les intimités de traversée qui, le plus souvent meurent aussi vite qu'elles naissent. Hâtons-nous de dire qu'il n'en a pas été de même cette fois, et que, de cette vie en commun de quelques jours, ont surgi pour nous tous des relations qui ressemblent fort à de l'amitié de bon aloi.

Nous avons touché à Messine, où pendant quelques heures nous avons flâné, comme tout bon passager le doit, dès qu'une escale se présente sur sa route. Strada-Garibaldi, piazza Garibaldi, etc., etc., nous avons tout visité en courant, admirant l'enthousiasme avec lequel le populaire messinois a baptisé, du nom du général, ses rues, ses places, ses théâtres, ses fontaines et le reste. La cathédrale pourtant ne s'appelle pas encore San-Garibaldi. Cela viendra probablement. A propos de cette cathédrale, elle ressemblerait assez à une grande halle au blé, n'était son maître-autel orné de splendides mosaïques.

Une fois rentrés à bord, où grouillait une

foule de marchands de fruits, de figurines, de boîtes de toutes les tailles, couvertes de coquilles et de photographies plus ou moins ostensibles, nous n'avons pas tardé à nous débarrasser de cette fourmilière d'exploitants, ensuite de quoi nous avons repris notre route par le plus beau temps du monde, lorgnant, à grand renfort de longue-vue, tous les sites des rives sicilienne et calabraise du détroit. L'Etna nous a tenu rigueur ; le Stromboli nous avait, depuis le point du jour, montré son panache de fumée ; l'Etna s'est contenté de ce que son lieutenant avait fait convenablement acte de présence, et ce n'est qu'en rechignant qu'il nous a laissé entrevoir le bout de son nez, noyé dans d'épais nuages. Avant le coucher du soleil, la terre était loin, et nous filions tout droit sur Alexandrie, à une belle petite allure de fiacre à l'heure, dont le cocher compte sur un gros pourboire. Ah ! le *Meïnam* n'est décidément pas l'émule du *Peluse*, dont la réputation est si bien établie, qu'à Alexandrie, les âniers qui vous offrent un de leurs véhicules à quatre pattes ne trouvent rien de mieux à faire que de vous affirmer qu'il va comme le *Peluse*.

Nous voici donc pour tout de bon à Alexandrie. Une nuée de barques nous entourent à distance respectueuse, jusqu'à ce que le maudit pavillon jaune, qui est enfin arrivé avec trois ou quatre messieurs coiffés de tarbouch, ait eu fini sa petite affaire, et constaté que nous ne nous portions pas trop mal, pour des gens soupçonnés d'avoir la peste.

Une fois débarrassés de ces aimables visiteurs, le pont est envahi par des braillards de toutes les couleurs, se disputant les passagers et leurs bagages comme des chiens affamés se disputent un os à ronger. C'était un tohubohu à ne pas entendre Dieu tonner.

Quel honneur ! Deux grandes embarcations de l'arsenal sont venues au-devant de moi. Comme je ne puis, en bonne conscience, me soumettre au régime inventé par le roi Salomon, je me décide bien vite pour celle que m'amène l'excellent Abbat, maître du meilleur hôtel d'Alexandrie, le plus obligeant comme le plus désirable des hôtes. Nous descendons tous avec lui, après avoir consigné à bord la majeure partie de nos bagages, car c'est le *Meïnam* qui doit, dans quelques jours, nous conduire à Jaffa. Nous débarquons à l'arsenal, où des calèches, de vraies calèches, nous prennent et nous conduisent grand train à notre nouveau gîte. Mon Dieu, que la physionomie d'Alexandrie a changé depuis tantôt treize ans que je n'ai vu cette ville ! En vérité, je n'y reconnais plus rien et j'éprouve bien quelque regret à me trouver aussi inopinément dans une ville européenne. Heureusement, les dattiers du jardin des Franciscains, dont j'admire de ma fenêtre les splendides régimes, me ramènent aussitôt à la réalité. Alexandrie n'est décidément européenne qu'en apparence.

Les voitures de maître, précédées de saïs qui courent, un bâton à la main, en criant comme des brûlés : Bal-ek, yemin-ek, chemâl-ek ! Prends garde ! ta droite ! ta gauche ! les ânes trottinant ou galopant sous des cavaliers de toute taille et affublés de tous les costumes, poussés qu'ils sont par leurs infatigables propriétaires, qui ne cessent de les encourager en les rouant de coups ; les voitures de louage, les bandes de chameaux, les fellahs et leurs femmes qui semblent détachés des murailles des temples et des palais des Pharaons, tout cela grouille et se croise incessamment, tant que dure la lumière du jour. Vienne la nuit, et tout devient désert et sombre. Le silence des rues et des carrefours n'est plus interrompu que par les cris des veilleurs qui, très probablement, dormiraient de bon cœur, s'ils n'étaient obligés de témoigner de temps en temps, par leurs vociférations, de leur bonne volonté d'entraver le petit commerce des malfaiteurs ; car ceux-ci pullulent dans ce grand *refugium peccatorum*. Les veilleurs crient donc, mais c'est tout ce qu'ils font, et cela n'empêche pas le couteau et le révolver de fonctionner très-régulièrement. Tel passant s'est vu, pendant mon séjour à Alexandrie, lardé de coups de poignard par un monsieur qui se trompait et qui, dans son désir de bien faire, avait cru s'adresser à un autre. Ceux qui aiment l'imprévu peuvent aller habiter Alexandrie; ils en auront vite autant et plus qu'ils n'en auront pu désirer.

Aussitôt que j'ai eu fini un brin de toilette, en vérité fort nécessaire, j'ai couru au consulat de France, où j'ai trouvé mon bon et vieil ami Tastu qui m'attendait, au milieu des planchers défoncés, des plafonds crevés, des escaliers rompus et des plâtras volants. On répare le consulat, qui en avait grand besoin, et la marche des réparations n'est pas sans danger pour les visiteurs. Un moellon malavisé a si vite assommé le premier venu! Tastu, qui m'a reçu comme un frère qu'on n'a pas vu depuis de longues années, ne vient au consulat que dans la journée pour y expédier les affaires courantes. Lui et sa mère, la plus aimable, la plus charmante femme que je connaisse, ont fui cet amas de décombres, et ils sont momentanément établis dans le palais n° 3, habitation somptueuse de bois et de mortier, construite sur les bords du canal Mahmoudieh, par Nasleh-Khanem, fille de Méhémet-Aly, connue sous le nom de la Grande Princesse, et qui devint la femme du defterdar, abominable coquin qui, de son côté, devint le favori de son beau-père.

On raconte tout haut que cette digne femme avait fait du palais n° 3 le pendant de la tour de Nesle, et que bien des gens y entrèrent vivants le soir, pour en sortir le lendemain matin parfaitement morts, et bons à jeter au canal. On n'est pas forcé de le croire. Toujours est-il que le palais n° 3 a une physionomie qui prête beaucoup à la légende en question.

Avant le dîner, et ma visite plutôt amicale qu'officielle terminée, nous nous sommes fait conduire à la colonne de Pompée. J'avais hâte de revoir ce merveilleux monolithe. Il est toujours debout sur son immense monticule de décombres et de gravats, perché sur un blocage des plus grossiers et sans consistance suffisante, ce qui pourra faire qu'un beau jour un coup de vent bien appliqué jettera bas la pauvre colonne. Dans le blocage en question paraît une pierre sur laquelle se voient les restes d'un cartouche royal; mais il est si mutilé qu'il est absolument impossible de deviner quel fut le Pharaon dont le cartouche a contenu le nom. En revanche, deux Anglais, munis d'un gros pinceau, se sont donné le plaisir d'écrire leurs noms en lettres d'un pied de haut sur le fût de la colonne. Quel bonheur pour la postérité !

Un affreux hameau de fellahs, composé de huttes de boue et de roseaux, avoisine la colonne ; il fournit une bande de mendiants qui exploitent impudemment et sans merci l'ennui des promeneurs, qu'ils assourdissent de leurs éternels demandes de bakhchich. Le premier, ils le requièrent parce qu'ils n'ont rien eu de vous ; le second, parce que vous leur avez donné quelque chose qu'ils ont eu la bonne grâce d'accepter. On n'a d'autre ressource pour se débarrasser de cette canaille que de remonter en voiture et de se sauver le plus vite qu'on peut. C'est ce que nous avons fait, et longeant de nouveau des jardins qui ressemblent assez à une forêt vierge de dattiers et de bananiers, nous sommes rentrés à l'hôtel Abbat lorsque la nuit venait de commencer. Notre dîner nous attendait, et je déclare sans scrupule que nous lui avons fait fête autant qu'il le méritait. L'eau du Nil est et sera toujours la première eau du monde.

17 octobre.

Au point du jour, et après une nuit excellente, malgré les moustiques, qui nous ont fait un peu trop bon accueil, nous étions tous debout, admirant à qui mieux mieux les splendeurs d'une aurore d'Egypte. C'est vraiment un spectacle dont on ne se rassasie jamais, que celui d'un lever du soleil en ce pays, et l'on comprend qu'Amon-Ra, Amon-Soleil, ait été le plus grand dieu des Egyptiens. Certes, ils lui devaient bien cela. Je voulais revoir au plus vite l'aiguille de Cléopâtre, cet obélisque de granit rose enlevé à Héliopolis, il y a plus de deux mille ans, pour venir orner le pylône d'un temple d'Alexandrie. Il est toujours debout sur sa base déchiquetée, que soutient un blocage encore plus mauvais, si c'est possible, que celui sur lequel pose la colonne de Pompée; encore un monument qui tombera au premier jour. Chose curieuse! c'est la face du monolithe tournée vers la terre qui est outrageusement rongée, tandis que celle qui fait face à la mer est de toutes la mieux conservée. Il semble que le contraire aurait dû arriver. A côté de l'aiguille de Cléopâtre gît, dit-on, sous terre, un second obélisque cassé en trois ou quatre morceaux. On comprend difficilement que ce monument reste si dédaigneusement enterré.

Dès qu'on arrive dans le voisinage du canal Mahmoudieh, la plus magnifique végétation surgit de partout, et les maisons de plaisance pullulent au milieu des jardins. Je n'en citerai qu'un, celui de la famille Pastré, que nous avons visité dans tous les sens, et qui, certes, méritait bien cet honneur. Il est parfaitement entretenu et montre partout les arbres et les fleurs des Tropiques, poussant pêle-mêle avec les fleurs et les arbres de notre bonne vieille Europe. Quel contraste avec la plaine nue et désolée qui nous a conduits vers ce jardin délicieux !

Quant aux bords du canal lui-même, ils supportent une route exactement défoncée comme celle qui nous y a conduits, et qui sert néanmoins de promenade quotidienne aux oisifs, aux beaux et aux belles d'Alexandrie. Quelques restaurants et cabarets de bas étage y donnent asile à une société plus que mêlée, qui y discute toutes les questions à coups de couteau et de pistolet; mais ceci est un détail.

J'ai oublié de mentionner une particularité de ma traversée de Marseille à Alexandrie, et force m'est d'y revenir. Deux mois avant mon départ, j'avais vu entrer un beau matin dans mon cabinet un grand escogriffe d'Arabe syrien que je n'avais rencontré de ma vie. Cet homme, qui est un chrétien de Beit-Sahour, près de Beit-Lehm, avait souvent entendu parler de moi parmi ses compatriotes plus âgés que lui, et il avait conclu de tout ce qu'on lui avait conté que j'étais bon à mettre en exploitation. Comment, pourquoi était-il venu en France? je n'ai jamais pu le démêler au milieu des monceaux de fables qu'il entassait avec ardeur, chaque fois qu'il m'honorait de sa visite. Il prétendait être accouru au-devant de moi, mais c'était un effronté mensonge. Pendant quelques jours, j'eus pitié de lui et lui donnai quelque argent; je pris même assez niaisement l'engagement de subvenir à ses dépenses dans l'hôtel de barrière où il s'était réfugié. Mais comme au bout de deux jours on le mit très-lestement à la porte de cet hôtel, puis d'un second, puis d'un troisième, de la même façon, je m'empressai d'en faire autant, et Ibrahim-Hanna, c'est le nom du quidam, fut rigoureusement consigné chez moi. Cela ne faisait pas positivement son affaire, et j'appris qu'il vociférait force menaces contre moi; bien que je ne m'en inquiétasse pas outre mesure, j'en avais néanmoins quelque souci, et ce ne fut pas sans une certaine satisfaction que j'appris qu'il avait été râpatrié par les soins et aux frais de l'ambassade ottomane. Je m'en croyais débarrassé; et j'avais la prétention de connaître un peu les Arabes! Quelle simplicité! Peu de jours avant mon départ de Paris, je reçus de Marseille un petit billet de maître Ibrahim-Hanna qui me demandait la bagatelle de deux cents francs, courrier par courrier, afin de regagner Jaffa. J'écrivis en hâte au secrétaire du digne homme de le prier de ma part d'aller au diable, et de lui bien signifier qu'il n'aurait plus de moi un rouge liard. Je n'en entendis plus parler; mais le premier visage que j'aperçus sur le pont du *Meïnam* quand je vins m'embarquer, fut celui d'Ibrahim. J'avoue que l'instinct de cette aimable brute m'inspira plus d'envie de rire que de colère. Décidément, il était très-fort! Je lui donnai donc une dernière pièce de vingt francs, en le priant pour l'avenir de me laisser tranquille et d'éviter ma présence, s'il ne voulait pas recevoir quelque horion. J'allais, en effet, dans un pays où chacun fait autour de soi la police comme il l'entend, et je me promettais bien de me débarrasser de cet ignoble parasite, si la nécessité s'en faisait sentir.

Or, pendant ma promenade de ce matin, aussi bien que pendant ma course chez Kœnig-Bey, Ibrahim-Hanna, qui a flairé l'hôtel où je suis descendu, s'est présenté une demi-douzaine de fois et a été très-régulièrement mis à la porte. De fait, je n'en ai plus entendu parler, en Égypte, s'entend; car à Jérusalem, il a, comme on le verra, essayé, mais en vain, de continuer à m'accabler de ses prévenances.

A six heures, Tastu est venu me prendre pour aller dîner avec son excellente mère au palais n° 3. On ne peut se faire une idée de la tristesse glaciale de cet édifice. Aussi les histoires de revenants ne lui manquent pas. Voici celle que madame Tastu m'a racontée :

Lorsqu'on travaillait au plafond de la grande salle qui précède la galerie avec verandah placée devant la cour d'honneur, un ouvrier tomba du haut de l'échafaudage sur lequel il était perché, et se tua du coup. Depuis cette époque, toutes les nuits, lorsque minuit arrive, le pauvre défunt revient au palais, monte lentement le bel escalier qui conduit à la galerie, et s'installe à la place où il est mort, menant grand bruit, et faisant mine de continuer le travail qu'il a laissé inachevé. Les domestiques du consul sont si bien convaincus qu'ils ont entendu et vu le revenant, qu'ils n'ont plus voulu coucher à proximité du théâtre de ses apparitions ; force a été de les satisfaire sur ce point, si l'on ne voulait qu'ils désertassent. Je dois avouer que cette histoire n'a en rien altéré notre envie de faire honneur à un excellent dîner et de continuer la plus gaie des conversations.

C'est dans la cour qui précède le palais, qu'un jour de fête, le mari de la Grande Princesse, se trouvant en belle humeur, fit ferrer, en manière de plaisanterie, les Saïs à son service qui venaient, suivant l'usage, attendre les étrennes de leur aimable maître. Il n'y a rien de gai comme un Turc lorsqu'il s'y met une bonne fois, et surtout lorsqu'il s'agit de gens dont il n'a rien à craindre.

En devisant, en parlant de notre chère France qui est si loin, la soirée s'est prolongée, et je suis rentré à Alexandrie par le plus beau clair de lune du monde, dû au croissant le plus humble. Chez nous la pleine lune ne donne pas autant de lumière.

18 octobre.

Le lendemain matin, de très-bonne heure, nous nous sommes apprêtés pour aller prendre le chemin de fer d'Alexandrie au Caire. Là, pas d'ennuyeuse salle d'attente; on s'y embarque à l'anglaise, aussitôt qu'on a pris son billet et fait enregistrer ses bagages. Je confesse que je n'ai vu nulle part un matériel aussi sale et aussi délabré. Les wagons de première classe ressemblent assez à nos wagons à bestiaux. Après une pause désespérante, la machine fait entendre un son analogue à l'éternuement d'un cheval poussif, et nous filons à une allure médiocre vers le lac Maryout, qui fut jadis le lac Mareotis, puis plus tard une belle plaine fertile, où florissaient plus de cinquante villages. Lors de l'expédition française en Égypte, les Anglais, pour nous faire pièce, noyèrent tous ces villages d'un seul coup, et rendirent à l'eau le domaine que l'on avait eu tant de mal à lui arracher. Cela leur fait beaucoup d'honneur.

A la première station, nous commençons à nous douter que les arrêts absorbent beaucoup plus de temps que la marche. Il est vrai que trois ou quatre heures de retard inquiètent fort peu l'administration; pourvu qu'on arrive, qu'a-t-on à dire? Nouveau beuglement de la machine, nouvelle course jusqu'à Damanhour, où nous séjournons une bonne heure. Qu'on ne dise pas que les Arabes se méfient des chemins de fer! Ils les adorent, à en juger par la masse de gens de tout âge et de tout sexe qui s'empilent dans les étranges voitures qui constituent les véhicules de troisième classe. Chez nous, ce seraient de vrais trucs destinés à transporter les fardeaux ou les marchandises qui n'ont rien à risquer.

Bientôt nous cheminons en pleine inondation, apercevant de tous côtés des *tells,* ou tertres faits de main d'homme, sur lesquels sont entassées les maisons de boue des fellah. Toutes celles qui sont au bas de ces tells ont été ruinées par l'eau, et se montrent tristement éventrées. On comprend que les briques crues qui servent à bâtir les villages égyptiens se délayent au premier contact de l'inondation, et s'y fondent comme du sucre dans un verre d'eau. A dix heures et demie, nous arrivons à Kafr-Zayat, où nous attendent quelques tribulations comiques.

C'est à Kafr-Zayat qu'a eu lieu la tragédie *hydraulique* dans laquelle un des princes de la maison vice-royale, Achmet-Pacha, a perdu la vie. Le pont qui traverse en ce point le Nil n'était pas achevé, et des bacs recevaient, pour les transporter sur l'autre rive, les voitures des voyageurs, poussées à bras par des kaouas et des fellah. Le train royal, qui était attendu, arrive ; les hommes de peine s'attellent avec ardeur aux voitures qu'ils sont chargés d'embarquer, avec un peu trop d'ardeur peut-être, puisque le train, lancé à toute vitesse par eux, file, file si bien qu'il s'abîme dans le fleuve. Un des princes, Halim-Pacha, que cet enthousiasme inacoutumé avait quelque peu surpris, se tenait sur le qui-vive ; au moment de faire la culbute, il eut la présence d'esprit de se jeter à l'eau, et il se sauva à la nage. Tous les autres voyageurs restèrent dans leur boîte et s'y noyèrent à qui mieux mieux. Le vice-roi actuel, par un hasard providentiel, s'était décidé à passer la journée à Alexandrie, et à ne partir que dans la nuit ; il a dû la vie à cette détermination tout à fait fortuite. Cette catastrophe fut-elle un simple effet du hasard? A mes risques et périls, je me permets d'en douter.

A Kafr-Zayat, nous avons commencé à voir les tristes effets de l'épizootie qui vient de frapper l'Egypte. Les cadavres des bêtes à cornes, qu'il faut bien jeter à l'eau, puisqu'il n'y a pas un coin de terre sèche où l'on puisse les enterrer, cheminent doucement vers la mer, en empoisonnant l'air que l'on respire. Voilà un bel élément de typhus ou de peste! A mon retour à Alexandrie, j'ai appris que, dans toute l'étendue de la vallée du Nil, quatre cent mille bêtes à cornes avaient péri.

Aussitôt descendu du train, je m'enquiers du directeur du chemin de fer; il m'annonce qu'il n'y a qu'une barque disponible, mais qu'elle vient d'être requise par un gros personnage qui se rend au Caire; c'est le moudyr de Kafr-Zayat. Celui-ci, que naturellement je ne connais pas, est à côté de moi, et comme je lui fais demander passage pour mes compagnons et pour moi, en déclinant mes titres et qualités, il me toise assez insolemment et me fait répondre qu'il ne veut prendre avec lui qu'une seule personne; là-dessus, il se retourne poliment, pour se moucher avec les doigts, et ne s'occupe pas plus de moi que si je n'existais pas.

Il n'y faut donc pas penser; mais aux

grands maux les grands remèdes. Je cours au buffet où nous allons déjeuner, et je charge un des garçons de service de me trouver immédiatement une barque qui me conduise à Tantah avec mes compagnons et mes bagages. S'il réussit, il y a cent piastres de bakhchich pour lui, et deux cents piastres pour le patron de la barque. Là-dessus, nous nous mettons à table. Nous n'avions pas avalé la première bouchée, que la barque demandée était trouvée.

Mais voici bien une autre affaire ! Une dépêche télégraphique est arrivée au maître du buffet, lui enjoignant de donner à déjeuner *gratis* aux voyageurs de première classe apportés par le train présent. Comme j'ignore ce que cela veut dire, je me refuse formellement à profiter de cette gracieuseté anonyme, et nous déjeunons bel et bien pour notre argent.

Notre barque nous attendait. En sortant de table, nous nous y sommes installés. Quarante francs pour faire cinq kilomètres, sans autre fatigue que celle d'éviter les haies submergées et de laisser faire le vent, c'était plus qu'il n'en fallait pour mettre en joie notre reïs et ses deux matelots. Aussi avons-nous marché si lestement que nous avons bientôt laissé derrière nous notre gros moudyr, qui était parti depuis longtemps avec quelques paires de rameurs. Nous avons constamment longé le chemin de fer, dont les dégâts sont énormes et font pitié à voir. Il y a bien, à toutes les coupures, des masses d'hommes et d'enfants qui ont l'air de travailler à réparer le mal; mais, s'ils y travaillent toujours de la même façon, les brèches seront fermées aux calendes grecques. Ce qui est assez original, c'est de voir les piétons qui ont affaire à Kafr-Zayat suivre la ligne du chemin de fer, nus comme des petits saints Jean de bronze, leurs hardes sur la tête, et cheminant dans l'eau jusqu'à la poitrine.

A un ou deux kilomètres en avant de Tantah, au point où le chemin a été respecté par l'inondation, stationnent deux wagons de première classe et une locomotive attendant le courrier et le moudyr. Je n'ai plus envie d'expérimenter la politesse de celui-ci, et, avec a clef d'or, je me fais ouvrir, avant son arriée, un compartiment où nous nous installons sans plus de façon. Quand l'illustre peronnage arrive, il trouve plus sage de nous aisser tranquilles, et, avec une magnanimité ue je n'oublierai jamais, il a l'air de consentir à ce qu'on nous laisse notre compartiment. ue de reconnaissance! Enfin, nous repartons, t en quelques minutes nous atteignons Tanah. Là, il nous a fallu faire le coup de poing, u peu s'en faut. pour attraper au vol des billets de première classe pour le Caire. Je n'ai jamais vu cohue et assaut pareils. C'est grâce à notre chef de train, à qui j'ai donné un écu pour la peine, que j'ai pu obtenir les billets dont j'avais besoin, sans y laisser les pans de ma redingote. Une fois maîtres légitimes de nos places, nous avons encore perdu une bonne heure au moins à voir grouiller autour du train les voyageurs qui voulaient y monter. Quand tout, hommes et choses, a été casé, la machine, qui tousse exactement comme la première, s'est mise en marche et nous avons continué notre voyage.

Nous avons encore fait une station démesurément longue à Béna-el-Assal, l'antique Athrybis. Le tell qui fut l'assiette de la ville antique, est énorme et ne semble composé que de pots cassés. Sans aucun doute, il recèle des monuments important, comme d'ailleurs tous les tells que nous aperçûmes de près ou de loin. Les maisons de fellah ont toutes la même physionomie. Elles affectent invariablement la forme du pylône des antiques édifices du temps des Pharaons, et souvent leurs murailles de boue présentent une ornementation véritablement élégante.

Longtemps avant d'arriver au Caire, que nous n'avons atteint qu'à six heures du soir, les Pyramides de Ghizeh nous ont montré à l'horizon leur masse imposante. Ce n'est jamais sans une vive émotion qu'on voit ou qu'on revoit cette merveille du monde. A cette heure, la lune, quoiqu'à peine sortie de son premier quartier, nous éclaire presque comme en plein jour ; mais quelle affreuse poussière que celle dans laquelle patauge la masse des voyageurs que le train vient d'apporter! Deux voitures, car le Caire aujourd'hui a plus de voitures encore qu'Alexandrie, nous prennent et nous transportent rapidement à l'hôtel d'Orient, sur l'Esbekieh. La chaleur est étouffante ; quel climat ! Une nuée d'Anglais arrivant de l'Inde s'est abattue sur l'hôtel ce matin même ; nous avons donc toutes les peines du monde à y trouver un gîte. Mais nous ne sommes pas des petits-maîtres et nous nous effrayons modérément d'avoir à monter un peu haut.

Aussitôt arrivé, j'ai envoyé ma carte à mon ami Mariette-Bey, qui certes est loin de s'attendre à ma visite ; je le prie de venir déjeuner avec moi le lendemain matin. Nous nous mettons alors à table dans le coin des Français, car à l'étranger Français et Anglais ne se mêlent guère, et tout juste après le temps nécessaire pour aller à Boulaq et en revenir, Mariette-Bey arrive. Inutile de dire le vif plaisir avec lequel j'embrasse cet excellent ami. Après le dîner, nous nous sommes promenés sur la grande allée de l'Esbekieh, assourdis par les cafés chantants et les théâtres qui ont envahi cette charmante promenade. Comme on y trouve un peu de fraîcheur, tous les Européens établis au Caire, tous les voyageurs de passage, et bon nombre d'Égyptiens pur sang et de Turcs s'y rendent chaque soir, pour y prendre en plein air la limonade ou le café.

Il est dix heures quand je rentre à l'hôtel pour me coucher, non pas dans, mais sur mon lit; avec l'atroce chaleur qu'il fait, le premier parti serait impossible à prendre. Autre inconvénient du Caire ! les moustiques remplissent toutes les chambres, et si les lits n'étaient pas munis de moustiquaires, on risquerait en s'éveillant de se trouver dévoré jusqu'aux os. En se calfeutrant dans sa prison de gaze, on est fortement endommagé, voilà tout. C'est aux mains surtout que ces affreuses petites bêtes font les blessures les plus désagréables.

19 octobre.

J'étais assez fatigué pour que la musique enragée de la Bella-Venezia, café concert établi presque devant mes fenêtres, et le ronflement agaçant des moustiques ne pussent faire l'ombre de tort à ma nuit; j'ai dormi tout d'une pièce jusqu'au chant du muezzin, avant l'aube. Comme il y a une mosquée tout contre l'hôtel, les premières notes de la cantilène de fantaisie lancée aux fidèles m'ont fait sauter à bas du lit, moi infidèle.

J'ai ouvert ma fenêtre et me suis mis à fumer un cigare sur mon balcon. Il faisait bien assez sombre encore pour que mon costume léger ne pût offusquer personne. Déjà cependant je voyais des ombres humaines se presser en tous sens sur la chaussée de l'Esbekieh, tandis qu'une chaude vapeur se balançait mollement sur les grands massifs de verdure qui s'étendaient au loin devant moi. Dèjà le sommet du palais d'Abbas-Pacha se colorait d'une belle teinte rosée, qui annonçait le prochain retour de la lumière. J'admirais de toute mon âme, mais au bout d'un quart d'heure à peine il faisait grand jour, et je dus, à mon vif déplaisir, changer de costume, ou, pour parler plus exactement, en prendre un qui fût un peu moins incomplet.

A six heures et demie, Mariette était à l'hôtel, et nous montions en voiture pour nous rendre à Boulaq, où ce brave ami a rassemblé, dans les bâtiments délabrés du transit, des merveilles inappréciables. Elles proviennent des fouilles entreprises par lui, pour le compte de l'État Égyptien. La formation d'un musée au Caire, décrétée par Saïd-Pacha, et encouragée par son successeur, est une idée féconde qui doit, dans l'avenir, attirer les savants étrangers sur la terre des Pharaons. Soixante mille francs à peine ont suffi à réunir des trésors scientifiques auprès desquels pâlissent les musées archéologiques les plus renommés de la vieille Europe.

Un désespoir de Mariette, et une des plaies de la nouvelle Égypte, c'est l'abominable manie des voyageurs qui se font une sorte de gloire, les malheureux, d'écrire partout leurs noms, obscurs ou ridicules, ou qui font pis encore, et mutilent les antiquités qu'ils visitent. Quand les gardiens des monuments qu'on dégrade ainsi font mine d'empêcher la perpétration de ces actes stupides, il arrive souvent qu'on les bat, et, toujours, que le voyageur soi-disant insulté se plaint à son consul. Qu'en résulte-t-il? Que le gardien dénoncé va aux galères, pour avoir strictement voulu exécuter sa consigne. Cela est tout simplement une infamie. J'en suis bien fâché pour les plaignants. Il est vraiment très-regrettable que, lorsque des actes de cette nature s'accomplissent, il ne se trouve pas là, à point nommé, quelque Européen de bon sens, muni d'une bonne poigne et d'un bon gourdin, pour offrir aux mutilateurs la seule récompense que mérite la peine qu'ils se donnent.

Aussitôt mon inspection finie, je regagne le Caire avec Mariette, pour me rendre chez Burguières-Bey, le médecin et l'ami d'Ismaïl-Pacha. Comme je tiens à présenter mes devoirs au vice-roi dans la journée, je ne puis mieux m'adresser qu'à Burguières-Bey, afin d'obtenir cet honneur.

Au moment où nous allions atteindre son habitation, sa voiture a croisé la nôtre; nous nous sommes arrêtés de part et d'autre, et nous avons fait connaissance dans la rue.

Le docteur m'a promis de m'informer, le plus promptement possible, de l'heure à laquelle je pourrai me présenter chez Son Altesse.

Une fois maître de mes mouvements, j'ai parcouru les bazars et fait ma provision de cigares, en attendant l'heure du déjeuner. J'étais à peine rentré à l'hôtel, que le docteur est venu m'annoncer que le vice-roi voulait bien me recevoir le jour même, et qu'en conséquence il viendrait me prendre à trois heures et demie, pour me conduire au Qasr-el-Nyl, où Son Altesse se trouverait à cette heure. Il m'annonce en outre qu'Ismaïl-Pacha l'a chargé de me dire qu'il mettait à ma disposition, pour le lendemain matin, un bateau à vapeur lui servant de yacht de plaisance, qui me conduira à Sakkarah et à Ghizeh. Voilà certes une attention toute gracieuse.

A trois heures et demie, nous étions au Qasr. Nous franchissons d'abord une grande porte où sont attachés une foule de chevaux et d'ânes, montures de ceux que leur service ou leurs intérêts attirent au palais. Cette porte est gardée par un poste nombreux de tourlourous égyptiens, tout habillés de grosse toile ou de coutil gris. Nous suivons ensuite une allée bordée de deux bâtiments assez délabrés, dans l'un desquels une musique d'infanterie s'exerce et fait plus de bruit qu'elle ne procure de plaisir aux auditeurs qui, comme nous, passent là d'aventure. Puis nous traversons une seconde porte, devant laquelle se sont arrêtées les voitures des personnages un peu plus huppés que ceux dont les montures émaillaient la première entrée. Nous pénétrons enfin dans la cour du Qasr. Au milieu sont plantés plusieurs beaux arbres, au pied desquels sont encore arrêtées quelques voitures de luxe, véhicules des heureux du jour. Devant nous, le Nil coule à pleins bords ; à droite, en arrière, et à gauche, règne une immense caserne à plusieurs étages de galeries, percées de larges ouvertures cintrées, où l'on voit grouiller à toutes les baies des masses de soldats habillés de coutil, comme les premiers que j'ai mentionnés.

Par-ci par-là, causent des groupes d'officiers ayant fort bonne tournure. A son extrémité, c'est-à-dire immédiatement au bord du fleuve, l'aile droite de la caserne est terminée par un beau pavillon, que précède un élégant perron d'une dizaine de marches; celles-ci une fois franchies, on entre dans une vaste galerie au bout de laquelle se trouve, à droite, le salon où le vice-roi reçoit les personnes qu'il honore d'une audience. Tout cela est fort riche, fort doré sans doute, mais un peu lourd de style.

Un officier est chargé d'introduire les étrangers auprès de Son Altesse; c'est un excellent homme, très-affable, qui remplit ces fonctions comme il les a remplies sous les vice-rois précédents. Zeky-Bey, c'est son nom, parle fort bien le français, et s'acquitte avec une parfaite politesse des devoirs de sa charge. Il est venu au-devant de moi jusque sur le perron, et il me conduit au salon de réception. Dans la galerie attendent, sur des sofas et des fauteuils, une masse de grands dignitaires qui s'empressent de se lever à notre passage. C'est fort aimable, mais je n'y tiens guère, je l'avoue. Ce qui m'amuse au dernier point cependant, c'est de retrouver, dans cette antichambre vice-royale, mon gros Turc de Kafr-Zayat, qui m'avait traité du haut de sa grandeur. Il a l'air stupéfait en me revoyant, avec des plaques et des rubans, passer avant lui dans les appartements de son souverain. Toutefois, je dois reconnaître qu'en homme qui commence à croire qu'il a fait la veille une balourdise, il m'adresse un très-humble salut, que je lui rends sans trop lui rire au nez.

Nous voilà introduits, et, au bout de quelques instants, Ismaïl-Pacha entre dans son salon et vient à moi en me tendant la main. Il est difficile de mettre plus de bonne grâce à recevoir la visite de quelqu'un que l'on ne connaît pas, et dont probablement on ne se soucie que modérément. Le vice-roi parle purement le français ; il est jeune et a une très-bonne figure, sous laquelle on devine aisément, non-seulement un homme bien élevé, mais encore une excellente nature. Il va sans dire que le tchibouk et le café nous sont apportés sur-le-champ ; l'un et l'autre sont exquis, mais Burguières-Bey et moi sommes les seuls qui y fassions honneur. Son Altesse n'y touche même pas du bout des lèvres ; plus tard, j'en ai su la raison, et ma foi, je la comprends et l'approuve. Pendant une heure, nous avons causé un peu de tout. Enfin, je lui demande la permission de me retirer. Là-dessus, nouvelle et affectueuse poignée de main, avec prière de venir le revoir au retour de mon excursion aux Pyramides, où son yacht doit me conduire.

La soirée s'est passée, comme d'ordinaire, à l'Esbekieh et devant la Bella-Venezia. La chaleur est toujours accablante et nous promet de rudes journées.

29 octobre.

Le lendemain matin, à six heures, les voitures nous attendaient à la porte de l'hôtel, mes amis et moi. Une fois le café pris, nous nous rendîmes à Boulaq, où nous allions chercher Mariette, afin de gagner ensuite l'arsenal. Le temps était splendide, et il va sans dire que j'avais encore savouré le beau spectacle du lever du jour.

Là nous attend une agréable surprise : pas de bateau. Il n'est pourtant pas possible que l'ordre du vice-roi ait été non avenu. J'ai pris à l'hôtel, pour tout mon séjour au Caire, un jeune drogman très-intelligent, très-alerte, qui s'appelle Ahmed-Omar, et que je recommande, dans leur intérêt, à tous les voyageurs futurs. Je l'envoie à l'arsenal aux informations. Là encore, absence complète de bateau. Nous commençons à croire à une mystification dont je tiens à avoir promptement le mot. Mariette et de Behr montent donc en voiture, et se rendent en hâte au Qasr-el-Nil, pour savoir ce que signifie ce retard inexplicable. Au bout de vingt minutes, Mariette revient seul; tout est expliqué : c'est au quai du Qasr même que notre bateau nous attend, depuis sept heures du matin. Un quart d'heure après, nous étions embarqués, et nous marchions, à contre courant, dans la direction de Bedrechin, où nous devions mettre pied à terre.

Rien de délicieux comme cette petite navigation de quelques heures. Nous passons d'abord devant Embabeh, point où, le jour de la célèbre bataille des Pyramides, les Mameluks furent refoulés et jetés dans le fleuve. Nous voyons le pavillon de Mourad-Bey, le chef de cette admirable milice, puis le mekkias ou nilomètre. Tout est dans l'eau et paraît délabré au-delà de toute expression. Une escouade de serviteurs du vice-roi est embarquée avec nous, et doit nous accompagner durant toute notre petite expédition. Le café et les tchibouks vont leur train comme d'habitude, et, à onze heures, un excellent déjeuner nous est servi dans la vaisselle plate de Son Altesse ; les vins les plus exquis de Bordeaux, du Rhin et de Champagne nous sont versés à profusion. Certes, il est difficile de faire plus galamment les choses.

Vers midi nous débarquions à Bedrechin, sur le bord d'un petit canal, où nous attendait une barque de fellah ; nous nous y sommes installés le plus vite possible, et nous avons traversé à la voile tout l'emplacement de Memphis, couvert aujourd'hui de la plus magnifique forêt de dattiers. De temps à autre nous longeons des tells, qui doivent recéler des trésors d'antiquités. L'inondation est si forte que nous avons probablement passé sur le colosse de Sésostris, sans même soupçonner son existence. De temps en temps, nous croisons des fellah qui se rendent d'un point à un autre de la plaine, avec de l'eau jusqu'aux aisselles. C'est, assurément, fort original. Enfin, nous débarquons pour tout de bon au pied du village de Sakkarah, dans le nom duquel s'est conservée la trace du culte de Phtah-Sokaris, le grand dieu de Memphis. Nous traversons le village tout entier sous un soleil ardent, et bientôt nous atteignons les sables qui forment la lisière du désert. Je déclare qu'il est fort désagréable de cheminer sur pareil terrain et par une semblable chaleur ; c'est à exténuer en peu de temps les plus intrépides marcheurs. Heureusement, le Cheikh-el-Beled met à ma disposition un brave petit âne que j'enfourche au plus vite, mais sur le dos duquel j'ai grand'peine d'abord à retrouver mes aplombs, complétement perdus depuis mes chevauchées de Reykjavik, au grand Geyser. J'arrive assez vite, pourtant, à recouvrer une assiette suffisante, et ce n'est qu'au moment où commence la nécropole, que je mets pied à terre; je me trompe, car, arrivé en ce point, on marche littéralement à travers les collines de sable, sur des pots cassés, des ossements humains et des bandelettes de momies. On voit que les chercheurs d'antiquités ont, depuis des siècles, passé par là avec rage.

En ce moment les fouilles de Sakkarah sont continuées par deux cents ouvriers, au profit du musée du Caire; ils sont occupés à déblayer quelques tombes nouvellement ouvertes. Aux alentours de la maison où nous allons prendre gîte aujourd'hui, on aperçoit, par-ci par-là, au-dessus du sable, des sphinx, des lions en calcaire et des fragments de toute nature, provenant des fouilles antérieures et abandonnés comme indignes d'être recueillis. Ah! qu'un de nos musées de province s'estimerait heureux de pouvoir ramasser ce prétendu fretin!

Dans les dernières journées, on a trouvé trois momies qu'on nous apporte aussitôt dans leurs sarcophages de bois de mimosa. L'une est magnifique et parfaitement intacte. Toutes les trois sont d'une très-basse époque et n'ont aucun intérêt historique, aucune valeur pour le musée ; il nous est donc permis de les disloquer, pour voir si leurs bandelettes contiennent quelque amulette à garder en souvenir de notre visite. Je dois dire que nous nous sommes empressés, comme des vautours, de dépecer ces trois corps humains, non sans un certain sentiment de pudeur, et de regret surtout, de mettre en miettes ce que deux dizaines de siècles avaient respecté. Nous en avons été pour notre profanation, qui ne nous a pas valu le moindre petit scarabée, le plus vulgaire petit dieu. Rien, absolument rien n'a payé notre brutale curiosité. L'une des momies pourtant, la plus belle des trois, qui était une momie de femme, avait les ongles des mains dorés; nous nous attendions à lui trouver dans la poitrine un gros scarabée, comme cela a lieu d'ordinaire pour les corps ainsi soignés après leur mort. Nous avons en pure perte déchiré quelques centaines de mètres de toile brûlée par le bitume, et pulvérisé le bitume lui-même. Si les parents de la défunte ont payé aux colchytes chargés de l'emmaillotter des bijoux destinés à faire partie de son bagage nécessaire pour le voyage de l'amenti, ils ont été volés comme nous.

Les ouvriers ont également trouvé quelques belles boîtes à viscères en bois et en cartonnage, qu'ils présentent à Mariette, et que celui-ci trouve assez importantes pour les destiner au musée de Boulaq.

Après quelques instants de repos, nous avons consacré le reste du jour à faire une promenade des plus intéressantes dans la nécropole.

Mariette nous a conduits à un tombeau complet qu'il a découvert, il y a plus d'un an, et qui a renfermé le corps d'un personnage nommé Ti, qui vivait à l'époque de la quatrième dynastie, c'est-à-dire il y a six mille ans. C'est une véritable merveille. Le musée de Berlin possède un spécimen de ces sépultures. Si nous avions le tombeau de Ti, nous serions bien autrement partagés que les Prussiens! Chose étrange, il n'y a pas trace de texte religieux dans l'ensemble des textes qui recouvrent toutes les parois de ce monument. Tout concerne la vie et les propriétés du personnage lui-même. La gravure des hiéroglyphes et des figures, surtout de celles des animaux, dénote un art qu'il n'est pas possible de surpasser, et que nos plus habiles sculpteurs atteindraient tout au plus. Tous les profils de ces animaux sont tracés avec une sûreté, avec une entente de la forme si remarquables, que l'on reste émerveillé devant ces chefs-d'œuvre multipliés. Un brave monsieur, natif du Wurtemberg, a choisi le corps d'un magnifique taureau pour y inscrire son nom d'idiot et la date de sa visite. Je ne saurais dire de quelle indignation nous sommes tous saisis à la vue de ce stupide sacrilége. Après avoir admiré les salles supérieures, nous descendons dans la véritable salle sépulcrale, par un couloir où il faut se traîner en se pliant en trois ou en quatre, et cela à travers une nuée de moucherons dont nous avalons bon nombre au passage, ce qui nous fait tousser comme des ânes poussifs. Le sarcophage est sans ornement et d'une taille énorme. Les os du pauvre Ti y sont encore, et il est évident qu'à l'époque où celui-ci vivait, les procédés de la momification n'étaient pas en pratique. C'est là un fait important à noter.

Il nous restait à visiter la tombe d'Apis, et sans que la cause nous en fût révélée, Mariette nous annonça que nous n'y descendrions qu'après le coucher du soleil. Notre ami avait ses raisons pour imposer ce retard à notre impatience. Enfin, une fois la nuit venue, nous nous mîmes en route, et à quelques centaines de pas de la maison, nous nous trouvâmes en face d'une grande ouverture donnant accès, par un bel et large escalier, à un immense souterrain. D'innombrables bougies, placées aux points convenables, l'illuminaient *à giorno*. J'avoue que je n'ai jamais rien vu d'aussi grand, ni d'aussi imposant. Figurez-vous une immense avenue taillée en plein-cintré dans le roc vif, et dont toutes les parois sont couvertes d'encastrements, aujourd'hui vides, dans lesquels étaient incrustées les stèles votives qui forment la plus intéressante série du Louvre. A droite et à gauche s'ouvrent des chambres dans lesquelles sont encore à leur place vingt-quatre sarcophages de dimensions effrayantes, et taillés dans les roches les plus précieuses et les plus dures. L'un d'eux est resté en route dans la galerie, et n'a pas été mis en place. Quelque révolution l'aura empêché sans doute de recevoir la divine dépouille du bœuf qu'il était destiné à engloutir.

La hauteur des cuves de ces sarcophages monstres est de 2^{m},30. Arrivés devant celui qui a servi à l'Apis mort sous Cléopâtre, nous trouvons une échelle appliquée contre sa partie antérieure, et Mariette m'invite à y monter. Je ne me le fais pas dire deux fois, et quand je suis au sommet, je vois dans l'intérieur une table recouverte d'un riche plateau d'argent, supportant des gobelets d'argent ciselé appartenant au service du vice-roi, et quelques bouteilles de champagne. Des candélabres sont établis aux coins postérieurs du sarcophage, qu'ils éclairent parfaitement, et dix pliants ouverts autour de la table attendent les convives de cet étrange banquet funèbre. Une seconde échelle donne accès dans cette buvette de nouvelle espèce, et nous nous empressons tous d'y descendre. Vous jugez si nous avons trinqué joyeusement à la santé de Mariette d'abord, puis à la France, et pour le bouquet, au vice-roi Ismaïl-Pacha !

Revenons maintenant au monolithe dans lequel nous étions installés. Son poids calculé est de soixante mille kilogrammes ; une bagatelle ! Il est en granit noir, et du fini le plus admirable. Au dedans comme au dehors, il est poli comme une glace. Tous les sarcophages de la tombe d'Apis avaient été violés et dépouillés bien des siècles avant que Mariette n'en refît la découverte, et les couvercles sont restés absolument dans la même position où les spoliateurs les ont laissés. Il n'y a pas de danger qu'on les dérange jamais, et ils ne bougeront plus jusqu'à la fin du monde.

Nous sommes ravis de la surprise qui nous a été ménagée, et nous remercions avec effusion notre savant amphitryon en regagnant sa maison, où le dîner nous attend sous la vérandah, bien que la nuit soit un peu fraîche, et qu'une rosée des plus abondantes commence à humecter le sable du désert.

Nous n'avions jamais rien vu, ni les uns ni les autres, de plus original que cette buverie que nous venions d'accomplir gaiement au fond d'un cercueil. Une fois rentrés, une illusion très étrange nous frappe au plus haut point. La lune éclaire de la lumière la plus vive le terrain qui nous entoure, et nous sommes surpris, au delà de toute expression, de ce que les collines de sable, entassées les unes sur les autres, et dans lesquelles nous avons erré pendant la journée, ont entièrement disparu. Nous avons devant les yeux une nappe d'eau dont rien ne ride la surface, et qui reflète la lumière de la lune comme ferait la mer. C'est un mirage des plus curieux, et il faut faire appel à toute notre raison pour être convaincus que nous sommes au milieu des sables de Sakkarah, et que la maison où nous prenons gîte n'est pas un navire voguant tranquillement sur la mer la plus calme.

Il n'y a pas de spectacle si beau que la faim ne fasse déserter, et nous mourons de faim. Il est de fait que nous avons bien gagné notre dîner, auquel nous faisons grand honneur. Quel artiste que le cuisinier de Son Altesse!

Il est temps de se coucher enfin après une journée si bien remplie, et pour cela faire, il ne manque que des lits. Chacun de nous s'ingénie et se fabrique, comme il le peut, une couche de fantaisie; les matelas de Mariette et les coussins du yacht du vice-roi, beaux coussins de soie écarlate, ma foi, sont le fonds du mobilier disponible. Tout cela s'installe à terre, ou sur des planches supportées par des tréteaux, et enfin, après deux heures de fou rire provoqué par les bouffonneries étourdissantes de Mariette, de de Behr et de Duru, qui sont bien les plus gais compagnons que j'aie jamais rencontrés, malgré la chaleur qui nous étouffe et les moustiques qui nous dévorent, la fatigue finit par avoir raison de nous tous, et nous nous endormons d'un sommeil de plomb.

Mercredi 21 octobre.

Le lendemain matin, au petit jour, nous étions tous sur pied et nous nous livrions, à qui mieux mieux, aux ablutions les plus abondantes, seules capables d'adoucir un peu la cuisson provoquée sur toutes nos personnes par les piqûres des moustiques. Le désert avait repris sa véritable physionomie ; seulement, la rosée dont il était imprégné lui avait donné une teinte un peu foncée que les premiers rayons du soleil dissipèrent en un clin d'œil. Il n'y a pas, effectivement, de rosée qui tienne devant une chaleur pareille. En cinq minutes, tout ce qui nous environne a passé du brun au blanc. Les deux cents ouvriers de Mariette ont, comme ils le font d'habitude, passé la nuit sur le sable, à petite distance de la maison, et, dès que le jour a paru, tout ce petit monde s'est étiré, s'est secoué, et s'est mis à brailler et à bavarder comme de vrais Arabes.

A l'aube, les cheikhs de Sakkarah ont amené des chevaux pour nous, et des chameaux pour nos bagages, c'est-à-dire pour les bagages du vice-roi, qui sont devenus momentanément les nôtres. Les chameaux sont bientôt chargés et ils partent les premiers pour les pyramides de Ghizeh, auprès desquelles doit nous attendre notre déjeuner.

La monture qui m'est destinée est une très-jolie bête, je n'en disconviens pas, mais elle est ornée d'une selle arabe, et je n'ai pas fait un kilomètre sur son dos, que je me sens craquer de partout ; je suis disloqué comme dans un casse-noisette, et si l'on ne m'offrait pas un cheval sellé à l'anglaise, en échange de ma monture, je ne sais pas, en vérité, en combien de morceaux j'arriverais à Ghizeh, au bout des trois heures de marche que nous avons à fournir.

Nous longeons, en la traversant, la plus grande partie de la nécropole de Memphis, qui est parsemée, à toute vue, de pyramides, lesquelles, soit dit par parenthèse, sont toutes des tombes royales, et il y en a soixante-sept.

Pendant le dernier tiers de notre course, nous longeons l'inondation en effarouchant des myriades de petits crapauds qui, à la lettre, couvrent le sol sur lequel nous cheminons. Enfin, après trois bonnes heures de marche, nous arrivons au pied du plateau qui sert d'assiette aux grandes Pyramides, c'est-à-dire aux tombeaux de Chéops, de Chephren et de Mycerinus. Une fois arrivés à un petit bouquet d'arbres qui a eu la bizarre mais aimable idée de pousser en pareil lieu, nous avons laissé nos montures et gagné à pied le sommet du plateau, saluant avec respect, en passant, le sphinx colossal que les Égyptiens ont taillé dans une vraie montagne. Comme nous y reviendrons après notre pèlerinage aux Pyramides, nous ne nous y arrêtons pas.

Les Pyramides ne s'oublient pas, et on les reverrait indéfiniment, chaque fois avec une admiration plus vivement sentie. Les années passent sur elles, comme la rosée de la nuit, et n'y laissent guère plus de traces. Il n'y avait que la main des hommes qui pût entamer ces masses écrasantes, et elle n'a pas failli à sa besogne de prédilection. Tout ce qu'elle pouvait jeter bas, elle l'a jeté bas. C'est bien! c'est son rôle. Mais elle s'est lassée à cette œuvre infernale, et dans des milliers d'années, les races futures verront les Pyramides telles que je les ai vues et revues.

Nous avons d'abord escaladé les assises qui nous séparent de l'entrée, de cette entrée si bizarre, avec ses grands blocs aboutés en toit qui la protégent, et son plan incliné, qui descend au grand couloir en pente si rapide, par lequel on pénètre dans l'intérieur du sépulcre. Là encore, les faiseurs d'inscriptions modernes ont fait rage.

L'abbé et Gélis se décident à escalader et se mettent en route, avec l'aide de quelques Arabes qui les tirent et les poussent. Grand bien leur fasse! Je sais ce que vaut cet exercice, et je m'en prive. C'était bon, pour moi, il y a vingt-cinq ans! Aujourd'hui, merci! Disons tout de suite que cette ascension, supportée bravement par l'abbé, qui est bâti d'acier et qui a un estomac d'autruche, a cruellement fatigué son compagnon, et lui a donné cette espèce de mal de mer que la plupart de ceux qui se décident à monter là-haut éprouvent inévitablement.

Quand, un peu plus tard, mes compagnons se sont enfournés dans le ventre de la montagne de pierre, je les ai laissés faire encore, pour la même raison, et je suis allé m'asseoir, en les attendant, au bord d'une de ces fosses immenses taillées dans le roc, devant la face occidentale de la pyramide, et qui, très-probablement, ont servi à brasser le mortier destiné à la bâtisse. J'ai visité la chaussée en basalte, décrite par Hérodote, et le plan incliné, également en basalte, placé au nord du monument, et qui a évidemment servi au charroi des blocs amenés pour entrer dans la construction.

Quant aux petites pyramides qui entourent la grande, et qui ont très-certainement servi à la sépulture de personnages appartenant à la famille royale, elles sont dans un état de dégradation complet, sauf celle qui est la plus rapprochée du sphinx, et dont le parement extérieur est encore fort présentable.

Notre visite achevée, nous nous rendons au temple d'Armakhis, que Mariette a découvert; c'est là que notre déjeuner nous attend.

Nous nous sommes arrêtés en passant devant le sphinx, que les Arabes appellent « le père de la terreur. » Quelle masse! Sa face et sa coiffure présentent encore des traces irrécusables de la peinture dont elles furent recouvertes il y a quelques milliers d'années. Comme, chaque fois que l'on examine de près un monument, on y trouve quelque nouvelle remarque à faire, Mariette s'aperçoit que sur la coiffure du sphinx il y a des traces d'usure, semblables à celles que le frottement d'une corde à puits laisse d'ordinaire sur la margelle, et il ne lui en faut pas plus pour comprendre l'usage de ce large trou carré, et profond de plus d'un mètre, qui se voit sur le sommet de la tête. Il lui paraît établi désormais que, chaque année, aux époques de certaines solennités, des stolistes, ou décorateurs des simulacres divins, hissaient sur la tête d'Armakhis un disque à ailes, qui s'implantait dans le trou en question, lequel n'a rien de commun avec le puits qu'on y prétendait voir. Ce pauvre sphinx, qui avait été désensablé il y a quelques années, est de nouveau enterré jusqu'aux épaules, et le petit temple monolithe placé entre ses pattes de devant a disparu sous une avalanche de sable. Il ne reparaîtra certainement pas de sitôt.

Arrivés au-dessus du temple, nous nous y sommes laissés glisser et nous y sommes installés autour d'un bloc de granit qui nous a servi de table. Inutile de répéter les admirations de nos appétits et la reconnaissance de nos estomacs. Ce n'est qu'après avoir fait honneur, une fois de plus, au somptueux service du vice-roi, que nous commençons la visite de détail de l'étrange monument dans lequel nous nous trouvons. Il est tout entier construit en blocs énormes de granit noir ou rose, et d'albâtre oriental ; pas un ornement !

A notre grand regret, notre promenade est finie, et il nous faut songer à regagner le Caire. Des barques nous attendent à quelque distance, et nous nous dirigeons vers elles, suivis d'une foule de fellahs qui nous font traverser les flaques d'eau que l'inondation a semées sur notre route, en s'emparant de nos personnes, qu'ils enlèvent comme des plumes et installent sur leurs épaules. Deux hommes se réunissent pour vous faire exécuter cette évolution, et ils y sont d'une adresse merveilleuse. La dernière fois qu'ils nous voiturent de la sorte, c'est pour nous déposer dans notre barque, où des nattes, fortement peuplées de vermine, nous attendent. A la guerre comme à la guerre ! nous nous y étendons comme si c'étaient des tapis de Perse, et nous effectuons sans encombre une traversée à travers champs, semblable à celle qui, de Bedrechin, nous a conduits à Sakkarah. A la première digue qui nous barre le passage, nous trouvons un troupeau d'ânes qui nous attendent et que nous enfourchons gaîment. Bientôt un bac nous transporte, hommes et bêtes, de l'autre côté d'un large canal, et à partir de là nous gagnons assez lestement Ghizeh, grosse bourgade au quai de laquelle notre bateau à vapeur est amarré et nous attend.

Rentrés au Caire, notre soirée s'est fort agréablement passée; après le dîner, nous avons fait une longue promenade à l'Esbekieh, et il était assez tard lorsque nous avons retrouvé nos lits.

22 octobre.

Le lendemain matin, Duru, l'abbé et moi, nous nous sommes fait voiturer à la citadelle. La vue splendide dont on y jouit est proverbiale, et sa réputation est certes bien méritée. Nous y avons visité la mosquée de Méhémet-Ali, grand édifice d'albâtre, d'un goût douteux, et qui d'ailleurs est déjà fort délabré.

Après le déjeuner, nous avons parcouru l'Esbekieh dans tous les sens, et Mariette nous a conduits au jardin où le pauvre Kléber fut assassiné. Ce jardin a conservé exactement son tracé et sa physionomie; l'arbre au pied duquel Kléber fut frappé est toujours à sa place et se portant à merveille.

A trois heures et demie, j'ai couru au Qasr-el-Nil, où j'ai été reçu par le vice-roi de la façon la plus gracieuse. Notre conversation, en tête à tête cette fois, a duré bien près de deux heures, et nous nous sommes quittés, le prince et moi, comme deux amis qui se connaîtraient depuis de longues années. Il est véritablement impossible d'être plus aimable qu'Ismaïl-Pacha.

Après le dîner, nous avons fait un tour d'Esbekieh pour tâcher de respirer un peu d'air frais, mais nous n'y avons guère réussi. Notre séjour au Caire était terminé, et avant de nous coucher, nous avons fait tous nos préparatifs de départ pour le lendemain matin.

23 octobre.

A sept heures, nous étions en route pour nous rendre à l'arsenal, où nous devions prendre le bateau à vapeur chargé de nous conduire à Kafr-Zayat. Mariette et Dreyfus, l'un de nos bons amis du *Meïnam*, nous y attendaient, et c'est là que nous avons pris congé d'eux. Comme on n'est pas précisément exact en ce pays, nous n'avons quitté le quai que lorsque déjà il était neuf heures; à quoi bon plus de ponctualité, puisque nous étions sûrs d'arriver, un peu plus tôt, un peu plus tard? Au-dessous comme au-dessus du Caire, la navigation du Nil est charmante. En une heure, nous sommes arrivés au barrage, qui ne barre rien du tout, si ce n'est la route. C'est une splendide conception, parfaitement bien exécutée, aux vannes et portes près, ce qui fait que le tas de millions qu'elle a coûté n'ont eu d'autre effet que d'entraver le passage des navires. Il faut accomplir une longue et pénible manœuvre, où l'on fait plus de bruit que de besogne, comme de coutume, pour franchir le barrage. Une fois de l'autre côté, on nous a servi, sur le pont, un déjeuner plus que médiocre, mais qui nous a coûté obligatoirement vingt-cinq francs par tête. C'est comme cela qu'on entend les spéculations en ce bienheureux pays. Enfin, nous sommes arrivés à Kafr-Zayat, et nous nous sommes arrêtés au point même où le train princier a piqué une tête dans le Nil, il y a deux ou trois ans. Là, nous avons retrouvé les wagons égyptiens avec leurs locomotives asthmatiques, puis nous avons stationné trois bonnes heures en attendant l'arrivée du courrier des dépêches du Caire à Alexandrie. Dépêches! que ce mot implique une bonne bouffonnerie! Une fois en marche, nous avons encore perdu beaucoup plus de temps aux stations intermédiaires qu'à parcourir les intervalles qui les séparent. A

Damanhour, de Behr, voyant qu'on ne se décidait pas à repartir, a entonné la *scie* des jambons de Mayence ; il était arrivé au cinquante-neuvième jambon lorsque le train a repris son allure ; il était temps, nous nous préparions à le massacrer. A sept heures seulement nous avons atteint Alexandrie.

24-25 octobre.

Adieux aux amis et préparatifs de départ.

26 octobre.

Enfin, le jour du départ est arrivé, à notre grande joie, car nous commencions à être tous fort impatients de nous trouver sur le théâtre de notre véritable exploration. Dès sept heures du matin, nous étions à bord du *Meïnam*. A huit heures et un quart, nous larguions nos amarres. Une fois sortis des passes, nous avons trouvé une mer un peu houleuse, mais au demeurant un très bon temps. Nous roulions bien un peu plus fort que de raison, mais c'était très-supportable.

Avant quatre heures, nous avions franchi la zone salie par l'eau qu'a déversée la bouche de Rosette, et nous ne devions pas tarder à passer devant celle de Damiette. A la nuit, le roulis est devenu beaucoup plus fort, et nous apercevions au loin devant nous des masses de nuages que sillonnaient de fréquents éclairs. Ceci nous expliquait la houle dont nous ressentions les ennuyeux effets, et il était clair qu'il y avait un gros orage du côté de Jaffa. J'avoue que j'étais un peu inquiet en pensant que peut-être cet orage nous forcerait à aller jusqu'à Beyrouth. C'est qu'il n'est pas commode de débarquer à Jaffa; et bien souvent, en pareille saison, les navires des Messageries impériales ne peuvent y déposer ni passagers ni dépêches. A la grâce de Dieu !

27 octobre.

Le matin venu, la mer était beaucoup plus douce ; vers dix heures, nous avons aperçu la terre, et à onze heures et demie nous mouillions devant Jaffa. La mer y était très-grosse; mais comme nous avons vu sortir, de ce qu'on appelle le port, des mahones qui venaient au-devant de nous, nous avons compris, avec un vrai bonheur, qu'il nous serait possible de prendre terre en ce point. Une fois nos bagages descendus à bord des mahones, nous avons pris congé de notre commandant, et nous nous sommes rapidement éloignés du *Meïnam*, avec beaucoup moins de regrets cette fois que la première, car nous étions à peu près les seuls passagers qu'il eût apportés en Syrie.

Il faut être entré à Jaffa par la houle pour savoir comment on échappe, sans miracle de la providence, à une noyade probable. On doit franchir une rangée de rochers contre lesquels la lame déferle avec fureur, et pour cela faire, il y a une petite passe, un peu plus large qu'une porte cochère. Appuyez d'un mètre à droite, ou d'un mètre à gauche, et vous êtes perdu ! Il est vrai que les matelots arabes sont d'adroits coquins, et qu'il est plus que rare qu'ils manquent leur coup. Une fois ce barrage franchi, on se trouve dans un petit bassin fort calme, et tout danger est passé. Mais là aussi pour débarquer on est obligé de se hisser sur les épaules de deux matelots qui ont de l'eau jusqu'aux genoux, les barques ne pouvant arriver à quai.

Enfin, nous voilà en Syrie, et sans encombre, grâce à Dieu ! La première figure que j'aperçois à terre, c'est celle de Mohammed, qui se jette dans mes bras; la seconde est celle d'un petit moine franciscain, le plus aimable comme le plus prévenant des hommes, le frère Liévin. Il a été envoyé au-devant de moi par le Révérendissime, avec une bonne et affectueuse lettre qui m'annonce que je suis attendu avec impatience à Jérusalem.

Il était près de trois heures quand nous avons enfourché nos montures. Les rues et le bazar de Jaffa sont remplis de boue; toute la nuit dernière il a fait un orage affreux, dont nous avons aperçu de loin les lueurs; bonne affaire, car les premières pluies, qui ne durent d'ordinaire que très-peu de jours, rafraîchissent l'air et diminuent de beaucoup les chances d'attraper une fièvre pernicieuse. En général, les six semaines qui suivent ces premières pluies sont admirablement belles, et les plus favorables pour accomplir les courses, toujours difficiles, que l'on vient faire en ce pays.

Il faut nous presser si nous voulons arriver avant la nuit à Ramleh; nous marchons donc bon pas. Une fois sortis de la ville, nous suivons, à travers des jardins plantés de magnifiques orangers, une route sablonneuse d'assez bonne apparence. Mais ne nous faisons pas d'illusions! En ce pays, ce qui ressemble à une vraie route n'est jamais bien long; aussi à peine avons-nous franchi les derniers enclos, que nous débouchons sur la plaine, où chacun est libre de prendre le chemin qu'il voudra. La terre végétale a succédé au sable; il en résulte que, grâce à l'orage de la nuit précédente, cette terre fortement détrempée est persillée de fondrières, peu profondes encore, mais dans lesquelles pourtant on casserait très-facilement les jambes de son cheval; il faut donc faire une grande attention à la piste qu'on lui fait suivre, et je déclare que je ne connais rien de plus agaçant.

Deux villages se sont montrés successivement sur notre route. Ce sont Yazour et Beit-Dedjan, que nous avons laissés sur notre gauche, puis Sarfent sur notre droite.

Un peu au delà de Sarfent, nous atteignons un pli de terrain planté de quelques arbres, et qui jouit d'une célébrité malsonnante. Il s'appelle el-Maqtouleh, le coupe-gorge. Jadis, à ce qu'il paraît, cette dénomination était parfaitement méritée.

La nuit est tout à fait venue, lorsque nous arrivons à Ramleh. La route à proximité de cette petite ville est littéralement inondée, et nous avons été obligés de l'abandonner et de cheminer dans le cimetière, afin d'atteindre la porte du Couvent, où nous mettons pied à terre. Nous sommes reçus avec le plus grand empressement. Les limonades et le café se succèdent jusqu'au dîner, qui se fait un peu attendre, et dans lequel je retrouve mes dîners syriens d'il y a treize ans. Il faut s'y faire; mais bah! à la guerre comme à la guerre!

Chacun de nous était pressé, cela est facile à deviner, de trouver son lit. Un bon père m'a conduit à ma chambre, et j'ai l'honneur d'occuper celle même où a couché le général Bonaparte.

Ce n'est pas sans une certaine émotion que j'apprends que, sous ces mêmes voûtes sombres et sur ce même carrelage glacé, a vécu pendant quelques heures l'homme qui a fait mon pays si grand! Mes réflexions, je le confesse, ne m'empêchent pas de grelotter; de son côté, le froid ne m'empêche pas de m'endormir, et je ne bouge pas plus qu'un terme, jusqu'à trois heures du matin. A ce moment, un terrible coup de tonnerre me réveille en sursaut; il est suivi de beaucoup d'autres, et un orage diabolique passe sur Ramleh. Mauvaise affaire! Il ne fera pas bon cheminer demain, si ce temps-là continue.

28 octobre.

Tout passe en ce monde, même les orages! Je me suis donc rendormi, et ne me suis réveillé pour tout de bon qu'au petit jour. Le ciel est assez bien nettoyé, malgré quelques gros nuages qui courent la poste, et ne nous présagent pas une journée trop sèche.

A sept heures seulement, nous étions prêts au départ et nous montions à cheval, décidés à suivre la route qui conduit à Jérusalem par El-Koubeïbeh et Naby-Samouïl. Nous partons donc, et nous suivons d'abord, pendant une heure à peu près, le chemin ordinaire d'Abou-Rhôch. Nous inclinons alors à angle droit, sur notre gauche, pour aller rejoindre l'ancienne voie de Lydda à Jérusalem. J'avais eu raison de n'augurer rien de bon de la pluie qui est encore tombée pendant la nuit dernière. Le sentier que nous suivons est criblé de fondrières dans lesquelles nos chevaux enfoncent à chaque pas jusqu'aux genoux. Ce n'est que lorsque nous avons atteint le tracé de la voie antique, très-reconnaissable à ses gros pavés roulants sur le sol, que nous cheminons sur un fond plus solide et par conséquent avec plus de sécurité. Nous arrivons bientôt au bord d'un torrent que nous traversons sans difficulté, et nous nous engageons ensuite à travers de petites collines cultivées, pour atteindre un oualy nommé Cheikh-Souleïman, qui domine la vallée nommée Ouady-Souleïman.

La matinée est charmante ; il fait un beau

soleil qui nous réchauffe et nous réjouit. L'oualy du Cheikh-Souleïman est placé au milieu de ruines considérables, et qui paraissent d'une assez haute antiquité. Le roc est taillé partout et semble avoir servi d'assiette à bien des maisons; enfin, la terre est jonchée de débris de cette poterie rouge à côtes qui est caractéristique de toutes les cités ruinées de la Palestine. J'ai beau demander à ceux qui m'accompagnent le nom de cette bourgade antique, personne ne m'en peut rien dire; heureusement le hasard nous fait rencontrer un Arabe, qui m'a bien l'air d'être un gaillard peu désireux de faire partie du contingent appelé par la conscription sous les drapeaux de Sa Hautesse, et qui file grand train devant des bachi-bozouk. Il ne va pas assez vite pourtant pour que je ne puisse lui jeter une question au passage; il me répond que les ruines sur lesquelles nous sommes arrêtés se nomment Koufour-Tab, et il reprend sa course. Mais qu'est-ce que ce nom baroque?

Une fois engagés dans l'Ouad-el-Ayn, nous allons passer au pied d'un village placé sur les collines de droite, et qui porte le nom de Deïr-Nahleh. Nahleh est le nom arabe de saint Michel, m'assure-t-on; il se peut donc que là ait été jadis un couvent chrétien sous le vocable de Saint-Michel. Tout près de ce village, et au bas de la côte sur laquelle il est bâti, se trouve dans les rochers une jolie source, où quelques femmes puisent de l'eau au moment de notre passage. Nous voyons dans les rochers de nombreuses coupures faites de main d'homme, et qui sont autant de traces d'habitations de la plus haute antiquité. Au milieu d'elles se voient les restes de quelques pressoirs destinés jadis à la fabrication de l'huile. Ici, c'est la cuve, là, la grosse pierre qui écrasait les olives. Dieu seul sait depuis combien de siècles tout cela est ruiné.

A cinq kilomètres plus loin, nous arrivons enfin au village de Cafr-Nouba, la Nob de l'Écriture, c'est-à-dire la ville où le roi Saül commit la plus abominable action. Il est sur une petite élévation, que les dernières pluies n'ont pas rendue commode ; aussi, à la descente, sommes-nous obligés de prendre force précautions pour ne pas nous rompre le cou. Notre moukre Scharir, qui déjà deux ou trois fois, grâce aux fondrières de la plaine, a roulé avec son cheval, fait ici une triomphante culbute, heureusement sans suite fâcheuse.

Depuis un quart d'heure, nous apercevions derrière nous, du côté de la mer, de gros vilains nuages noirs comme de l'encre, et qui nous rattrapaient vivement. Il était assez probable que nous allions recevoir une averse de bonne qualité. Notre attente n'a pas été trompée. A peine étions-nous engagés dans la gorge que nous avions à parcourir, que la nue a crevé. Quelle pluie, bon Dieu! Il suffit de l'avoir reçue pendant près de deux heures, ainsi que nous avons eu le désagrément de le faire, pour savoir ce que sont les pluies de Syrie. Malgré nos caoutchoucs, nous sommes bientôt trempés jusqu'aux os. Qu'on n'attende donc pas de moi des observations de détail sur la route que nous avons suivie. Elle est détestable, voilà tout ce que j'en puis dire, et elle passe à travers deux fortins de très-ancienne construction, mais que je ne saurais faire remonter plus haut que l'époque des croisades.

Un moine nous attendait à El-Koubeibeh, et nous nous sommes abrités dans l'église que l'on construit là, dans la pensée qu'El-Koubeibeh est l'Emmaüs des Évangiles. J'ai déjà dit que je n'en croyais absolument rien. Après le déjeuner, nous avons, pour l'acquit de notre conscience, parcouru les ruines qui sont près de la nouvelle église.

Pendant notre déjeuner, le temps s'est remis au beau, et après une heure trois quarts de halte, nous remontons à cheval, pour aller cette fois sans nous arrêter jusqu'à Jérusalem.

Devant nous se dresse la montagne au sommet de laquelle est Naby-Samouïl, et à gauche de la route s'ouvre un ouad au fond duquel est placé le bourg de Djebâa, qui n'est autre chose que la Gabâa, patrie de Saül. C'était une ville de la tribu de Benjamin, distante de Jérusalem det rente stades, au dire de Josèphe.

Nous nous dirigeons sur Naby-Samouïl, qu'il nous faut escalader à grand'peine, car la pente est très-rapide, et, à en juger par le temps que nous mettons à arriver au pied de l'église, nous reconnaissons qu'entre El-Koubeibeh et le sommet de Naby-Samouïl, il y a de cinq à six kilomètres. Cette église, d'apparence assez peu ancienne, est dans un état déplorable, et semble devoir crouler au premier jour. Si la montée a été rude pour arriver jusque-là, la descente ne l'est pas moins; je passe donc outre, laissant l'abbé Michon visiter à son aise ce pauvre monument. Quelques misérables maisons sont disséminées sur le plateau de Naby-Samouïl. Qu'est-ce que cette localité évidemment antique, comme le prouvent les coupures faites de tous côtés dans le roc? C'est incontestablement la Rama qui fut la demeure de Samuel, et où il reçut la sépulture.

Nous arrivons, à force de marcher en mauvais chemin, au fond de la vallée de Térébinthe, et nous suivons pendant quelques minutes le lit du torrent. Le frère Liévin m'y fait remarquer une ligne d'énormes pierres brutes, qui jadis ont été très-probablement les fondations d'un barrage; puis nous remontons sur l'autre rive, et, de là jusqu'au tombeau des Juges, nous ne quittons presque plus une route évidemment antique, soit romaine, soit même judaïque, à en juger par les grosses pierres non taillées qui la bordent assez souvent sur la droite et forment ainsi une sorte de parapet.

Enfin, nous passons devant le tombeau des Juges, dont je revois le fronton avec un vif plaisir. De là jusqu'aux monticules de cendres, on ne quitte plus pour ainsi dire la vieille nécropole de Jérusalem. Toutes les roches sont, de quelque côté qu'on se tourne, perforées de caves sépulcrales, et il faudrait certainement bien des semaines pour faire une monographie complète de ces vénérables restes de la civilisation juive. Incontestablement ces monuments sont tous antérieurs à la ruine définitive de Jérusalem; la plupart sans doute datent des rois de Juda.

A peine avons-nous eu dépassé le tombeau des Juges, que j'ai vu accourir au-devant de moi un cavalier que, de loin, je ne reconnaissais pas tout d'abord. C'était Mattiah, mon brave drogman du premier voyage. Il n'a, ma foi, pas rajeuni dans les treize années qui viennent de s'écouler; je suppose que j'ai fait exactement sur lui la même impression.

Nous voilà aux Cendres : qu'est-ce que ces amas étranges? La voix publique dit que ce sont les résidus de la fabrication des savonniers; Tobler, sur l'avis du fameux Liebig, prétend que ce sont les cendres des holocaustes. Il y a-là une curieuse question à examiner de nouveau. Au delà des amas de cendres, j'aperçois des dômes, des édifices considérables, des murailles d'enceinte immenses, en un mot, une ville entière qui date de quelques années. C'est la réunion de tous les bâtiments appartenant à la Russie, bâtiments qui constituent une vé[illegible]itable ville dominant la vieille Jérusale[illegible]. Pourquoi n'avouerais-je pas que cette vue me serre le cœur? Adieu le caractère religieux et imposant de la Jérusalem que j'avais vue naguère, et que j'ai si souvent revue en pensée. Cette fois encore, les innovations ont tout gâté. De la ville russe à la porte de Jaffa, les anciens chemins sont devenus des rues bordées de cabarets aux enseignes françaises ou italiennes : *Café du Jourdain. A la mer Morte, on donne à boire et à manger.* — Pouah ! cela donne des nausées.

A la porte de Jaffa, encore une innovation ! Nous trouvons un poste de douaniers tout frais émoulus, et inventés pour faire perdre patience au voyageur qui en aurait la dose la plus phénoménale. Douane à Jaffa, douane à

Jérusalem, douane à Beyrouth; on en a mis partout, et les droits qu'elles voudraient bien percevoir à chaque poste que l'on rencontre, sont remplacés, quand on ne les repaie pas, par des vexations intolérables ou des bakhchich qui ne sont pas moins odieux.

Avant d'entrer en ville, notre petite caravane s'est organisée avec un certain apparat, et le frère Liévin m'a prié en grâce de me mettre derrière les caouas, en tête de la colonne. Sotte nécessité à laquelle il faut bien me rendre, pour jouer mon rôle de premier sujet de la troupe. A peine avons-nous fait quelques pas dans l'intérieur de la ville, que le premier sujet, bien décidé à ne pas se casser le cou, met prudemment pied à terre. Le pavé de Jérusalem ne s'est effectivement pas amélioré, tant s'en faut; tous mes amis imitent mon exemple, et nous gagnons le plus vite possible l'hôtel d'Orient, tenu par Hauser, dans la rue dite du Patriarche. Pour y parvenir, nous descendons de la place du Qalâa, par le bazar des marchands de fruits établis à la tête de la rue David, et, après une centaine de pas faits sur la pente diabolique de cette rue encombrée de monde, nous prenons la première rue à gauche et nous arrivons enfin à notre gîte. Tout en haut de la maison, j'aperçois, à une fenêtre grillée, la bonne figure de Salzmann qui m'attend, mais qui, grâce à ma barbe, me voit passer sans me reconnaître. Ce n'est que lorsque je lui adresse la parole qu'il est convaincu que c'est bien moi.

Une fois pour toutes, décrivons l'hôtel Hauser, où l'on est parfaitement bien traité, et que je recommande à tous les voyageurs, parce qu'il est proprement tenu et peu cher. Un escalier de pierre et à couvert vous conduit au premier étage; c'est le rez-de-chaussée effectif. Là se présente une petite cour sur laquelle s'ouvrent quelques chambres de voyageurs, à côté de celles de l'hôte et de sa famille. Montez encore un étage, mais cette fois en plein air, et vous arrivez à une seconde petite cour fort étroite, au fond de laquelle s'ouvre la pièce servant de salle à manger ou de salon, à votre choix. A droite est placé l'office. A gauche, un parapet qui domine la rue du Patriarche. Cela est encore une espèce de rez-de-chaussée ou d'entre-sol. Une échelle est appliquée contre l'office, et s'appelle « escalier des appartements d'apparat. » Montez sans vous casser le cou, et vous arrivez sur une terrasse qui, cette fois, n'a pas de parapet vers la rue; une cloison de planches, garnie d'un modeste appentis, vous sépare de la piscine d'Ezekhias, (Birket - hammam - el - Batrak, la piscine des bains du Patriarche). Il y a bien, sur cette terrasse, quelques petits ressauts placés là tout exprès pour vous procurer de bonnes chutes ; n'y faites pas trop attention, mais gagnez le bout de l'appentis. Là est une porte où commence un véritable escalier descendant, de cinq marches, les deux premières en pierre, et les trois dernières en planches, dont l'une est veuve d'à peu près la moitié de sa surface. Il n'y a pas deux de ces marches qui aient la même hauteur, et comme elles sont énormes, je ne connais rien de mieux trouvé pour vous disloquer les jointures. Au bas commence un corridor sur lequel sont distribuées, à droite et à gauche, six bonnes petites chambres. Puis vous tournez à droite ; nouvelle terrasse sans garde-fou dominant la piscine. A gauche, une échelle disloquée conduisant à une dernière terrasse dominant toute la maison ; au fond, un escalier descendant à la rue ; à droite, deux chambres semblables aux autres. C'est là que l'abbé Michon et moi nous nous installons. Je ne ferai pas à mes lecteurs l'injure de croire qu'ils ont jamais rien vu de plus saugrenu que cette distribution ; et cependant, je le répète, malgré le soleil, malgré le vent, malgré la pluie qu'on ne peut éviter avec pareil aménagement, on s'acoquine à l'hôtel Hauser, et on ne s'y trouve pas plus mal qu'ailleurs, N'est-on pas à Jérusalem, et les maisons de cette ville illustre entre toutes ne sont-elles pas, sans exception, conçues sur des plans impossibles ?

J'étais beaucoup trop fatigué de la dure journée que nous venions d'achever, pour avoir la velléité de faire des visites, même de convenance. D'ailleurs, il était assez tard quand nous sommes arrivés à Jérusalem, et j'ai pris le sage parti d'envoyer chez notre consul quelqu'un chargé de lui présenter mes devoirs, et de le prier de m'excuser si je remettais au lendemain matin l'honneur de faire sa connaissance. J'ai donc passé le reste de la journée dans l'inaction la plus bienfaisante, et j'ai attrapé mon lit le plus vite que j'ai pu. Quel calmant et quel somnifère qu'une douzaine d'heures à cheval, avec la pluie pour assaisonnement! Aussi ai-je dormi jusqu'au point du jour, malgré les moustiques.

29 octobre.

Ici comme en Egypte j'ai pu, ce matin, admirer les teintes splendides dont le retour de la lumière revêt tout ce que l'on voit. C'est malheureusement l'affaire de quelques minutes, et l'aurore, comme le crépuscule, ne dure qu'un instant. J'ai employé les premières heures de la matinée à m'installer à ma guise dans la chambre que je dois occuper jusqu'à la fin de mon séjour en Judée. Une fois tout mis en ordre, effets, livres, papiers, etc., je commence par bien regarder ce que je puis voir de mes fenêtres. Je domine sans intermédiaire le Birket-hammam-el-Batrak, qui est à peu près à sec, sauf une large flaque d'eau qui remplit toute la partie méridionale de la citerne, et dans laquelle végètent de larges touffes de *chara*, peuplées de crapauds. Deux tronçons de colonnes gisent sur le roc qui forme le sol du bassin. A l'angle sud-ouest est un escalier de quelques marches, par lequel on a pu descendre jadis dans ce bassin ; mais, aujourd'hui, cet escalier n'aboutit plus qu'à une porte murée. A l'angle sud-ouest est percée, à une douzaine de pieds au-dessus du fond, l'ouverture d'un aqueduc en fort mauvais état, et comme l'eau qu'il apporte par les grandes pluies doit être furieusement sale, on a pratiqué sur le fond de la piscine une espèce de petit réservoir fermé de murs, où les immondices et la vase peuvent quelque peu se déposer avant que l'eau ne se répande dans la piscine proprement dite. Sur ses quatre faces, celle-ci est entourée de murs à pic appartenant aux maisons qui l'entourent. Devant moi, j'ai la terrasse du patriarche latin, Mgr Valerga. A ma gauche, la tour de David, dominant tout le reste ; un café arabe, avec balcon en bois surplombant la piscine, le consulat de Grèce avec son mât de pavillon, et, derrière lui, la terrasse de M, Gobat, évêque anglican de Jérusalem. Enfin, nous sommes affligés d'un voisinage modérément récréatif; c'est celui d'un moulin qui travaille jour et nuit, et dont les meules, mises en mouvement par un cheval ou un âne, font un tapage des plus monotones, qui n'est interrompu que par les cris de forcené du meunier. On jurerait qu'on assassine ce brave homme, et cependant il ne braille ainsi que pour encourager la pauvre bête qu'il emploie. Maintenant que j'ai reconnu ce qui m'entoure du côté de Birket, c'est-à-dire à l'occident, passons à l'orient, si vous le voulez bien.

Je prends donc le chemin par lequel je dois *descendre* à la salle à manger, c'est-à-dire que je *grimpe* les cinq marches de l'escalier que vous savez, et me voilà sur la terrasse. Au-dessous de moi, la rue du Patriarche roule un flot incessant de gens qui crient à qui mieux mieux, marchands, citadins, fellahs, bédouins, soldats turcs, pèlerins russes, Arméniens, Grecs, etc., etc., de tout âge, de tout sexe et de toutes couleurs; c'est une cohue des plus bizarres, dans laquelle les Européens sont rares. L'autre côté de la rue est occupé par un établissement de bains orientaux, dont les cheminées nous asphyxient toutes les fois que le vent est bon. Au delà s'étend le vaste terrain vague où fut jadis le grand hôpital des chevaliers de Saint-Jean. Plus loin, le dôme vert de la Coubbet-es-Sakhrah, le Haram-ech-Chérif, l'enceinte du Temple de Salomon ; plus loin encore la montagne des *Viri Galilæi*, le mont des Oliviers avec le hameau qui en couronne le faîte, autour de l'église de l'Ascension, et le mont du Scandale. Tout cela d'un gris fauve que coupe seule la pâle verdure de quelques oliviers. A droite, je vois un couvent grec, puis l'escarpement de l'ancienne ville des Jébuséens, garni aujourd'hui d'habitations dont quelques-unes ont un aspect européen des plus charmants. A gauche, et tout près de l'hôtel, l'église du Saint-Sépulcre et sa coupole indignement détraquée. Ne soufflez pas trop fort de ce côté-là en fumant votre cigare, vous feriez tout crouler ! Et les grandes nations de l'Occident se vantent d'être chrétiennes ! Tout contre le Saint-Sépulcre est une mosquée dont le muezzin nous régale, le plus régulièrement du monde, de ses pieuses gargouillades. Son chant est toujours d'une haute fantaisie, si les paroles qu'il débite sont sacramentelles. Au delà, vers le nord, j'aperçois les quartiers en amphithéâtre de Bezetha et d'Acra, amas de constructions grises ou du blanc le plus cru, cubes de maçonneries recouverts invariablement d'une coupole.

Voilà ce que je puis voir quand je veux, à chaque heure, à chaque minute. Trouvez-moi, je vous prie, dans l'univers entier un panorama qui offre plus de souvenirs grandioses que celui-là!

Pendant que je complétais avec amour cette première reconnaissance du terrain sur lequel je vais tant avoir à travailler, notre consul, M. de Barrère, avec la plus charmante bonne grâce, m'a prévenu. Il est arrivé à l'hôtel avec M. Ledoulx, son vice-chancelier, sans attendre la visite qu'il était de haute convenance que je lui fisse le premier. Je l'en remercie avec effusion, et, après un quart d'heure d'entretien, je suis tout ravi de me sentir avec lui comme avec un homme auquel vous lie une amitié vieille de bien des années. Nous sommes tous conviés à aller dîner au consulat le jour même; nous nous retrouverons donc dans la soirée, et nous combinerons à loisir ce qu'il faut faire pour que tous mes projets puissent s'exécuter sans trop de difficultés.

Aussitôt M. de Barrère parti, nous nous mettons à table et nous expédions au plus vite notre déjeuner, après lequel je veux me débarrasser de mes visites officielles, afin d'avoir, s'il se peut, quelques heures à donner à une première promenade. Deux étrangers habitent l'hôtel Hauser, et ce sont deux types trop intéressants pour que je n'en dise pas quelques mots. L'un est un vieux docteur allemand à tête chauve, très-calme, très-froid en apparence ; le fait est que le brave homme est parfaitement fou ; comme disent les gamins de Paris, il a « une araignée au plafond ! » Il est venu s'établir à Jérusalem pour y attendre l'avénement tout prochain du fameux millenium ; comme il a saisi le sens de toutes les prophéties, sans en manquer une, il sait à quoi s'en tenir et regarde avec assez de pitié pour que cela lui fasse le plus grand honneur les imbéciles qui, comme nous, n'ont pas la lumière qu'il possède. Et d'un ! L'autre est un Américain d'une quarantaine d'années, missionnaire de je ne sais quelle subdivision de la foi chrétienne, et vigoureux compère s'il en fut. Il porte une chevelure comme celle de Samson, une barbe de sapeur, et une veste ronde qui laisse à l'air libre, et par conséquent à la vue du public, le fond de ses chausses, qui est formé d'une large plaque de cuir blanc. Ceci tranche peut-être un peu vivement sur le ton noir de tout le reste du costume, mais ce n'en est que plus drôle. Aussi, du coup, ce brave garçon, qui est bien vite devenu notre ami, reçoit-il le nom de *Fond-de-cuir*, seul nom sous lequel nous l'ayons jamais connu. Celui-là est venu, de son côté, à Jérusalem pour attendre le millenium qui, pour lui aussi, va commencer incessamment. Car il a compris les prophéties, tout autrement, il est vrai, que son collègue l'Allemand ; mais cela ne fait rien à l'affaire. Chacun des deux est un crétin pour l'autre, qui ne se gêne pas pour le lui dire. Et de deux ! Comme haute bouffonnerie, c'est ce que j'ai jamais vu de plus original. Encore un trait pour exemple : Un peu avant l'heure de chaque repas, *Fond-de-cuir* arrive invariablement de l'air le plus pressé du monde et s'agenouille sur le divan qui règne autour de la salle à manger, en face de la carte de la Terre promise, répartie par tribus ; pendant dix minutes, il ne la quitte pas des yeux, et, sans aucune espèce de doute, il cherche à fixer son choix sur le lopin de terrain qu'il compte réclamer à l'avénement du millenium. Pour n'avoir plus à revenir sur ces deux personnages excentriques, disons tout de suite que l'Américain nous a fait fidèle compagnie pendant tout notre séjour à Jérusalem, mais que l'Allemand, au bout de très-peu de jours, est parti pour Constantinople, afin d'obtenir la concession d'un chemin de fer qu'il veut construire de Jaffa à Jérusalem, aussitôt que le millenium aura commencé. Et qu'on ne croie pas qu'il n'y ait que ces deux hommes attendant à Jérusalem l'accomplissement des prophéties; ils se comptent par centaines.

A midi, je me suis mis en route; j'ai d'abord été voir notre consul; puis le révérendissime gardien de la terre sainte, que du premier coup je me sens disposé à aimer de tout mon cœur, tant c'est le plus charmant homme; puis Mgr Valerga, le patriarche latin, que je n'ai pas le bonheur de trouver. Sortant de la ville par la porte de Jaffa, ou Bab-el-Khalil, nous nous dirigeons vers le cimetière américain, où je veux voir, le plus vite possible, l'escalier taillé dans le roc, qui y a été découvert depuis mon premier voyage en terre sainte. Chemin faisant, je retourne beaucoup de pierres au profit de mon fils, à qui j'ai promis de rapporter de Syrie une ample collection de coléoptères.

Nous voilà en face de l'escalier en question; il est assez étroit et appliqué contre une enceinte de roc; mais les marches ne paraissent guère usées, et il est évident qu'elles n'ont pas servi habituellement. Il est certain, pour moi, que cet escalier a fait partie de l'enceinte jébuséenne et qu'il est antérieur à la prise de la forteresse de Sion par David.

Après avoir étudié ce reste curieux de l'enceinte primitive de Sion, nous quittons le cimetière américain, et nous remontons au-dessus de l'escalier que nous venons d'examiner. Là, nouveau fragment de l'enceinte jébuséenne, et fragment incontestable. C'est un large fossé taillé dans le roc vif, avec escarpe et contrescarpe bien conservées sur une certaine étendue. En cè point, le fossé fait le coude, et il est placé de façon à démontrer que c'était la crête proprement dite, et la crête seule de Sion, qui était au sud occupée par les fortifications jébuséennes.

Dans l'escarpe même ont été percées des habitations souterraines qui servent d'asile à de pauvres fellahs. Des citernes creusées dans le roc vif les accompagnent. De là, nous avons gagné la muraille d'Ophel, c'est-à-dire la partie tout à fait antique, qui commence au-delà de la tour dans le flanc de laquelle est percée la porte connue sous le nom de Bab-el-Hadid. Il est absolument impossible que jamais l'enceinte antique ait dépassé, vers le sud, la ligne que suit la muraille telle qu'elle est actuellement.

Nous avons ensuite été revoir la porte antique, placée au-dessous de la mosquée d'El-Aksa, et que coupe en deux la muraille moderne renfermant un jardin et des ruines d'édifices arabes placés au bas du Haram ech-Chérif. L'encadrement de l'archivolte et la corniche placée au dessus, dont j'ai déjà tant de fois parlé ailleurs, sont des œuvres d'applique, car on voit le jour entre elles et la face même de la muraille. L'appareil de celle-ci, à droite de la porte, est véritablement beau et d'une excellente époque. Les parties ornementées de la porte sont très-certainement postérieures.

A partir du flanc de la porte sous El-Aksa, jusqu'à l'angle sud-est du Haram, la dernière assise visible au-dessus du sol est tout entière composée de ces magnifiques blocs que j'ai appelés salomoniens, et auxquels je me garderai bien d'enlever cette dénomination.

L'angle sud-est est splendide d'appareil, et on ne se lasse pas de l'admirer. Les blocs sont jointoyés avec une perfection rare, et les encadrements des joints présentent une grande délicatesse de ciseau. Certes, ce n'est pas là l'œuvre d'une sorte de mécréant tel que fut Hérode le Grand. Celui-ci, toujours désireux de jeter de la poudre aux yeux du peuple à la tête duquel une usurpation l'avait placé, a dû presque toujours faire de l'architecture de pacotille, surchargée d'ornements à la romaine ; ce n'est pas lui qui a dû chercher à produire de l'effet à l'aide des grandes lignes et de la simplicité la plus sévère. Ce sont là les moyens qu'emploie la foi religieuse ; et qui oserait dire que le roi Hérode eut cette foi scrupuleuse, lui qui bâtit des temples à Auguste, et des théâtres dans toute l'étendue de ses États?

J'avais, il y a treize ans, signalé le premier l'existence, sur la face orientale du Haram et dans le voisinage de l'angle sud-est, d'une sorte de balcon en encorbellement, élevé de plusieurs mètres au-dessus du sol ; les remblais de décombres, accumulés en ce point depuis mon passage, ont tellement rehaussé le terrain, qu'aujourd'hui ce prétendu balcon est à hauteur de la main, et présente une douelle de voûte circulaire tout à fait analogue à celle du pont du Xystus. Je commence donc à croire que, là aussi, il y a eu une vraie porte et un pont. Était-ce par là que le bouc émissaire était lancé vers le désert, ainsi que le racontent les talmudistes? C'est bien possible.

Nous sommes rentrés dans Jérusalem par la porte Saint-Étienne. Nous nous empressons d'entrer à Sainte-Anne, cette précieuse conquête de la France, et nous y trouvons M. Mauss, qui nous fait les honneurs de l'église qu'il répare avec tant d'intelligence. Tout le pourtour en est aujourd'hui déblayé, et les fouilles ont mis au jour une foule de citernes de toutes les époques. Derrière l'église, c'est-à-dire au nord, on a entamé un énorme terre-plein de remblais, et la tranchée ainsi pratiquée a mis à nu un monument des plus curieux, dont naturellement on ne soupçonnait pas l'existence. C'est une construction judaïque, à en juger par les blocs à encadrement qui la constituent. Elle est surmontée par un amas inextricable de décombres dans lesquels se retrouvent des blocs de même nature. Ce qui est extrêmement intéressant à noter, c'est qu'entre les assises en place et les décombres confus dont il vient d'être question, se trouve une couche assez épaisse de pièces de bois carbonisées. Là, évidemment, s'est passé un fait analogue à celui que nous raconte Josèphe, à propos des mines que les défenseurs de la tour Antonia ménagèrent sous les *aggeres* romains, en creusant des galeries étançonnées de pièces de bois auxquelles le feu fut mis à un moment donné, ce qui entraîna la ruine immédiate et l'écroulement de ces *aggeres*. Les Romains, d'abord victimes de ce stratagème, n'auront eu garde de négliger un moyen qui avait si bien réussi contre eux, et ils l'auront employé contre les ouvrages militaires qu'ils voulaient renverser. Telle est, je crois, la seule manière d'expliquer la destruction, par la mine, de l'édifice judaïque que nous avons sous les yeux.

Un peu plus loin, je retrouve l'arc dit de l'*Ecce-Homo;* les travaux exécutés pour la construction de la maison des dames de Sion ont dégagé une partie très-considérable de ce curieux édifice. C'est bien une porte monumentale à triple baie, l'une grande par-dessus la rue, et deux plus petites latérales, avec niche interposée. Tout bien considéré, la construction de cette porte est certainement romaine, mais elle est, à mon avis, bien postérieure à l'époque de la passion de Notre-Seigneur. Je ne puis donc plus y voir un arc du haut duquel le Christ aurait été présenté, par Pilate, à la populace juive, qu'exaspérait son aveugle haine.

On le voit, notre première promenade autour de Jérusalem n'avait pas été infructueuse. Le jour commençait à tomber; il fallait donc rentrer à l'hôtel pour nous préparer à nous rendre au consulat. Nous y passâmes une charmante soirée, causant des antiquités de notre chère Jérusalem, antiquités que Barrère a étudiées avec passion et sur lesquelles il est excellent à consulter. J'ai arrêté avec lui mon plan de campagne, et je suis ravi; tout jusqu'ici marche à souhait. La fatigue nous a forcés à abréger notre soirée, et à neuf heures nous avons repris le chemin de l'hôtel, précédés de deux caouas du consulat, qui mènent grand bruit sur le pavé, à l'aide de leurs cannes de tambour-major. L'éclairage de Jérusalem est resté le même qu'il y a treize ans, c'est-à-dire que la lune seule en est chargée. Force est donc de se munir de *fanous* ou lanternes, si l'on ne veut pas se rompre les os ou se faire ramasser par la garde.

30 octobre.

Nous avions besoin d'une bonne nuit, et ce matin, au réveil, tout le personnel de ma petite caravane, moi compris, se trouve frais et dispos. Le temps est par malheur fort incertain, ou, pour parler plus exactement, il n'est pas incertain du tout, car il pleut à rage de temps en temps. Aussi le trou qui sert d'aqueduc au Birket-hammam-el-Batrak déverse-t-il en abondance une purée liquide qui élève assez rapidement le niveau d'eau de la piscine. Un bon jeune homme, Iskender-Coubrously, m'a apporté un sac de médailles antiques que je n'ai pas le temps d'étudier une à une. Je prends donc le parti le plus sage, celui de les acheter en bloc. Comme j'ai affaire au garçon le plus honnête, notre marché est conclu en un clin d'œil, à la satisfaction des deux parties. Puis surviennent d'autres marchands d'antiquailles, dont les prix insensés m'exaspèrent; je les renvoie donc honteusement, sans rien vouloir de leur marchandise.

Aussitôt après le déjeuner, je vais courir la ville avec Salzmann, afin de continuer notre reconnaissance de la veille.

Nous avons donc gagné le pied du fameux Heit-el-Morharby, et nous nous sommes rendu compte des différences essentielles qui existent entre les assises inférieures ou primitives et les assises postérieures qui les surmontent. La petite porte donnant sur le jardin du Mekemeh était ouverte d'aventure, et nous nous sommes hasardés à l'entre-bâiller pour jeter un coup d'œil sur l'intérieur. Cette tentative exorbitante nous a valu les plus belles malédictions du monde, vociférées par une vieille femme qui est venue en toute hâte refermer cette porte. Ah! c'est qu'en ce pays l'étude des antiquités n'est pas toujours exempte de petits inconvénients. Quoi qu'il en soit, il y a eu plus de bruit que de mal, et nous nous sommes retirés lentement, sans avoir l'air de faire attention aux injures furieuses que nous nous étions attirées.

Pour regagner l'hôtel Hauser, nous avons préféré suivre la route extérieure, qui conduit de la porte de Damas à la porte de Jaffa, et, chemin faisant, nous avons constaté le long de la muraille l'existence de quatre grands *aggeres,* qui sont très-certainement restés là depuis le siége de Titus.

MM. de Barrère, Mauss et Ledoulx sont venus partager notre dîner d'auberge, et la soirée s'est très-agréablement passée à causer de la France et de Jérusalem. En nous quittant, nous nous sommes donné rendez-vous pour le lendemain matin. Barrère nous fait les honneurs de la première visite au Haram-ech-Chérif; je vais donc enfin admirer de mes yeux les merveilles archéologiques que renferme cette enceinte sacrée.

31 octobre.

On comprend mon impatience de voir commencer cette reconnaissance préliminaire. Allais-je trouver la preuve que je m'étais trompé? Allais-je, au contraire, être confirmé par ce que je verrais dans mes anciennes idées, dont l'énonciation m'a valu tant d'attaques, petites ou grandes, amicales ou envenimées? Avant neuf heures, nous étions tous arrivés au consulat, et nous nous étions empressés de gagner l'entrée du Haram placée dans la cour même du séraï. Je n'essayerai pas de décrire la vive émotion que je ressentis en franchissant le seuil de cette porte qui, il y a treize ans, était restée si bien fermée pour moi.

La première chose que nous étudiâmes fut le mur taillé dans le roc et qui garnit l'angle nord-ouest du Haram sur ses deux faces. Évidemment, c'est là l'escarpe du massif de rocher sur lequel fut placée la tour Antonia.

Suivant Josèphe, le rocher qui supportait Antonia était revêtu d'une sorte de glacis. Or, à cent mètres de l'angle nord-ouest du Haram, se voit encore enclavé, dans la face nord, l'angle de ce revêtement.

De là nous sommes allés visiter les ruelles couvertes qui débouchent sur la voie Douloureuse. Toute cette face du Haram présente des constructions arabes fort anciennes, souvent très-élégantes, mais qui sont dans un déplorable état de dégradation.

La Coubbet-es-Sakhrah a eu l'honneur de notre visite, et, après avoir examiné rapidement la face occidentale de la plate-forme qui supporte aujourd'hui la mosquée, comme elle a supporté jadis le Temple de Salomon, nous revenons à la pointe nord-ouest de cette plate-forme, qui n'a pas changé de position ni de forme, puisque là elle est taillée dans le roc vif; nous passons des babouches par-dessus nos chaussures, et, une fois cette précaution prise, il nous est permis de monter sur la plate-forme par l'escalier, aujourd'hui entièrement dégradé, qui fut taillé en ce point dans le roc. La Coubbet-es-Sakhrah est un des plus magnifiques monuments de l'art arabe. Toutes les baies qui y jettent un peu de lumière sont garnies de verres de couleur, de sorte qu'il ne règne à l'intérieur de l'édifice qu'un demi-jour qui porte involontairement au recueillement et qui impose le respect. Une large allée fait le tour du monument, et est séparée par une grille de la Roche sacrée, sur laquelle les Juifs venaient prier, à prix d'or, à l'époque où le Pèlerin de Bordeaux visita Jérusalem, c'est-à-dire en 333. N'oublions pas que cette roche, regardée par les musulmans comme suspendue en l'air par un miracle perpétuel, était le réceptacle des immondices de la ville, lorsque le khalife Omar vint y faire sa prière, après qu'il se fut rendu maître de Jérusalem. N'oublions pas non plus que le Pèlerin de Bordeaux vit debout les statues équestres d'Adrien et d'Antonin, élevées à très-petite distance de la Roche sacrée, et que saint Jérôme nous apprend que ces statues avaient été consacrées sur l'emplacement même du Saint des saints. Il est donc certain que la Sakhrah a supporté un autre édifice, et je suis, pour ma part, très-disposé à croire que là était l'autel des holocaustes, le grand autel de bronze. Nous sommes descendus sous la roche, dans une espèce de sanctuaire musulman, où se voient de petits ornements de sculpture placés aux points où les croyants prétendent qu'ont prié Abraham, David, Salomon et Mahomet. Les murailles de cette chambre inférieure sont peintes à la chaux, et, au dire des sectateurs du prophète, ces murailles n'ont aucune épaisseur et ne supportent en rien la masse énorme qui leur sert de plafond; je le veux bien, mais alors, derrière ces murailles postiches, la roche elle-même s'abaisse et se relie au massif du mont Moriah. D'en bas, on voit l'orifice inférieur du large trou rond qui traverse la Sakhrah, et dont l'orifice supérieur se montre en haut, à l'est et un peu au sud de la surface de la roche. Là, sans aucun doute, fut la citerne qui alimentait bêtes et gens, employés sur l'aire d'Arnan le Jébuséen. Au-dessous encore de la chambre inférieure est placée une seconde caverne dont l'entrée est fermée, et où, au dire des musulmans, les grands fleuves de l'Orient, l'Euphrate, le Tigre et le Nil prennent leur source. Inutile de les contrarier sur ce point de géographie, où la science reçoit une si rude entorse. Les marbres les plus beaux et le bronze ornent toutes les murailles de la vénérable mosquée, et j'ai remarqué des plaques de revêtement qui toutes présentent les pampres et les raisins de l'ornementation judaïque. Il est fort possible que les débris des plaques de métal, qui ornaient le temple d'Hérode, aient donné aux musulmans l'idée d'employer ce mode de décoration. Qui sait même si, parmi celles qui existent aujourd'hui, il ne s'en trouve pas qui aient réellement appartenu au Temple des Juifs?

De la Coubbet-es-Sakhrah, nous sommes allés à la mosquée d'El-Aksa, que nous avons visitée jusque dans ses recoins les plus obscurs, ainsi que la belle salle d'armes des Templiers, qui y fait suite vers l'occident. J'allais donc enfin voir, voir de mes yeux, ces substructions étranges, que les uns attribuent à l'époque de Salomon lui-même, et les autres à une époque des plus récentes. J'avoue que j'étais quelque peu ému en repassant les babouches indispensables sans lesquelles il ne m'était pas permis de descendre. l'escalier aboutissant à ces souterrains merveilleux. Je franchis au plus vite le seuil sacré, et je me trouvai dans une grande galerie fort sombre, dont le sol est recouvert de nattes de jonc. De gros pilastres carrés séparent cette galerie d'une galerie parallèle, qui se maintient horizontale, tandis que la première descend en plan incliné jusqu'à un escalier de quelques marches, par lequel on atteint une sorte de pièce carrée; au milieu de celle-ci se dresse, dans toute sa majesté, une colonne monolithe, avec chapiteau du galbe le plus étrange et d'aspect purement égyptien. C'est la fameuse colonne attribuée au temps de Salomon par une classe de voyageurs à laquelle je m'empresse de déclarer que je m'unis plus que jamais, et au temps d'Hérode, tout au plus, par une autre, qu'avec non moins d'empressement et de conviction, je déclare dans l'erreur la plus profonde. our moi, il en est des monuments comme des médailles : quand on a *manié* les unes et les autres pendant près d'un demi-siècle, et c'est mon cas, on a fini par acquérir un tact tout d'instinct, un flair, si l'on veut, qui ne trompe pas souvent, et que seule l'expérience prolongée peut donner.

Revenons à la colonne monolithe à tournure égyptienne. Les uns m'avaient affirmé qu'elle était formée d'une seule pierre, et le vieux cheikh de la mosquée, en frappant dessus, s'évertuait à pousser d'une voix stridente le cri plaisant : *Monilithe! ui, ui, ui!* répétant ainsi ce qu'il avait entendu dire nombre de fois. D'autres affirmaient que cette colonne est faite de pièces et de morceaux ; je devais donc prendre mes précautions pour ne me laisser tromper ni par les uns ni par les autres. Les premiers seuls avaient raison. Tailloir, chapiteau, fût, dé de pierre supportant le tout, et implanté vigoureusement dans le sol, tout cela est d'un bloc. *Monilithe!* dirai-je comme le cheikh. Ce que l'on a pris pour un joint est purement et simplement un *délit* qui se manifeste dans ce bloc. Au reste, comme tout dans ce souterrain est empâté d'une série de badigeons successifs, il était facile de s'y tromper, si l'on ne construisait pas, ainsi que j'ai pu le faire, un échafaudage qui permît de sonder la pierre sur toute la hauteur de la colonne. La pierre employée est de la pierre royale, *maleki*. Mais le feu a certainement passé par là, et il est facile, sous le badigeon, de reconnaître des traces de l'incendie qui a fait éclater le calcaire soumis à son action. Les coupoles elles-mêmes sont en maleki et ont également souffert de l'incendie. On me permettra, je pense, d'attribuer cet incendie au siège de Titus.

Après avoir examiné les substructions antiques existant sous la mosquée d'El-Aksa, nous avons été chercher, le long du mur méridional, l'entrée des souterrains nommés les Écuries de Salomon. Elle n'est pas commode, ladite entrée ! c'est le plus admirable cassecou que je connaisse. La première fois qu'on y passe, on est tant soit peu préoccupé, je l'avoue ; mais on s'y fait, et l'on finit par pratiquer ce passage presque comme une grande route de Syrie. Le fait est qu'il faut s'accrocher des pieds et des mains à des saillies fort espacées le long de la paroi verticale du mur, et que le pied ne peut atteindre qu'à tâtons, puis se laisser choir sur un talus de décombres et de terres qui vous conduit jusqu'au fond des souterrains. Un petit arbre a eu la bonne pensée de pousser au-dessus du trou, dans l'interstice de deux assises, et s'il n'était pas là, je ne sais trop comment on s'y prendrait pour pénétrer dans ces souterrains si curieux. Un des caouas du consulat de France, grand et vigoureux gaillard qui ferait une lieue, je crois, en portant l'un de nous à bras tendu, nous fait un peu la courte échelle, si bien que nous arrivons tous en bas sans le moindre petit accident.

Ces souterrains sont magnifiques, fort anciens sans doute, mais il est évident qu'ils ont été soumis à bien des remaniements. Des rangées de hauts piliers carrés, dont les quatre faces sont à bossage, supportent des voûtes en plein-cintre, d'une antiquité probablement médiocre. Chacun de ces piliers est muni, sur l'une de ses arêtes, d'un anneau taillé dans la pierre elle-même, et qui a évidemment servi à passer le licou d'un cheval. De là, sans doute, le nom d'Écuries de Salomon, que le vulgaire donne à ces substructions. Que les Templiers aient eu là leurs écuries, cela ne me paraît guère douteux, mais, à coup sûr, ces piliers sont de beaucoup antérieurs à l'époque où les Templiers étaient établis dans le Haram-ech-Chérif.

Un nombre vraiment considérable de travées parallèles se parcourt ainsi. Le sol en est tout à fait onduleux, grâce aux terres et aux décombres qui se sont accumulés en certains points plus qu'en d'autres. Mais ce qui frappe, c'est l'immense quantité de petites pyramides, formées de pierres, que les visiteurs musulmans empilent, en témoignage de leur visite à ce sanctuaire, et qui jonchent le terrain.

Nous avons profité de cette première visite pour tâcher de nous rendre compte, sommairement, du plan intérieur de la triple porte du sud et de la prétendue fenêtre à balcon qui ouvrait sur la vallée de Josaphat, près de l'angle sud-est.

L'angle lui-même est un massif, bien homogène, bien compact, et d'une solidité à toute épreuve; rien ne sera plus facile que de cuber ce massif, et le chiffre incroyable de mètres cubes de pierres entassées les unes sur les autres, et reliées entre elles d'une manière indissoluble, nous rendra compte, immédiatement, de la raison pour laquelle rien n'a pu déranger une masse semblable, masse qui, après avoir subsisté debout pendant des dizaines de siècles, restera pendant des milliers d'années encore dans le même état. Dans ce massif, est pratiquée une petite chambre appelée le Berceau de Jésus, que nous sommes allés visiter un peu plus tard. Nous y reviendrons.

Nous poursuivons nos explorations en visitant une vaste piscine creusée dans le roc, et qui se trouve en avant de la mosquée d'El-

Aksa. La descente y est assez incommode pour que je renonce forcément à tenter un tour de gymnastique dont je prévois que je ne me tirerais pas à mon honneur; je laisse donc pénétrer tous mes amis dans cette piscine, fort intéressante sans doute, mais que je me vois forcé de ne connaître que d'après leurs rapports. Elle est très-considérable, et le plafond en est soutenu par des piliers informes, réservés dans la masse du roc.

Enfin, nous gagnons la porte Dorée. Encore un monument sur l'âge duquel on prétend que je me suis lourdement trompé, et que j'aborde, par conséquent, avec une certaine appréhension. C'est vrai, je le reconnais, je me suis trompé en attribuant toute la porte Dorée à Hérode, celle-ci est vraiment bien plus ancienne! Les archivoltes surbaissées qui ornent la façade du monument, quand on y pénètre par le Haram, ne sont que des appliques bien postérieures au corps de l'édifice lui-même. La photographie prouvera irréfragablement la réalité de ces travaux d'applique. Quant à les attribuer à Justinien, à d'autres! A quoi bon décorer de la sorte une porte qui conduisait au dépôt des immondices de la cité nouvelle? Et qui oserait prétendre que l'enceinte du Haram fût autre chose à cette époque? Les témoignages nous manquent-ils à ce sujet? Qu'on se rappelle la haine des chrétiens, maîtres absolus de Jérusalem, pour tout ce qui rappelait le passé des Juifs, et l'on s'expliquera facilement la nécessité où se trouva le khalife Omar d'enlever, avec l'aide des officiers qui l'avaient accompagné, les affreuses saletés qui encombraient la Sakhrah, lorsqu'il voulut prier et se prosterner sur cette roche sainte.

L'intérieur de la porte Dorée est une splendide chose. Les linteaux des portes sont admirablement conservés, et comportent encore les crapaudines de bronze dans lesquelles tournaient les gonds des portes proprement dites.

Notre première visite au Haram-ech-Chérif était achevée. Nous avions été accompagnés, pendant toute sa durée, par le cheikh et son fils, qui sont bien les deux plus avides mangeurs de bakhchich que j'aie jamais vus. Tant mieux ! Avec cette bonne disposition-là, je ferai dans le Haram tout ce que je voudrai faire. Le papa, à qui j'ai dit que je serais charmé de le voir venir chez moi, pour nous entendre à ce sujet, m'a bien promis de n'y pas manquer. Il a une envie furieuse d'une armoire destinée à renfermer des Corans et autres livres liturgiques dans la Coubbet-es-Sakhrah. Depuis longtemps, il bombarde Barrère et Mauss de sollicitations tendant à obtenir de leur générosité cette bienheureuse armoire, qu'on ne cesse jamais de lui promettre. J'ai fait comme ces messieurs ; moi aussi, je l'ai promise, et si l'on me sert bien, je tiendrai ma promesse.

Nous sommes sortis du Haram par la ruelle qui va déboucher en avant du Birket-Israïl. Le déjeuner, que nous offre Barrère, nous attend à la grotte de Jérémie, où nous nous rendons en suivant le large et profond fossé, taillé dans le roc, qui couvre tout l'angle nord-est de l'enceinte actuelle, comme il a couvert jadis l'enceinte d'Hérode-Agrippa.

Le fils du derviche habitant et gardien de la grotte de Jérémie est derviche lui-même. En l'absence de son père, c'est lui qui nous fait les honneurs de sa demeure étrange. Le temps est splendide, et nous trouvons la table dressée en plein air, ce qui nous convient à merveille ; nous prenons donc place à l'ombre de quelques beaux grenadiers chargés de fruits, et notre conversation roule, ainsi qu'on peut le deviner, sur les merveilles que nous venons d'admirer, aussi bien que sur celles que nous avons encore à voir après le déjeuner. Je veux parler des fameuses grottes royales que beaucoup de voyageurs, et moi tout le premier, ont cherchées à tort dans le tombeau des rois, Qbour-el-Molouk. Ces cavernes royales sont très certainement les carrières qui ont fourni à Salomon les matériaux des ses immenses constructions.

Lorsqu'on sort de la porte de Damas, en suivant la branche droite des murailles, on ne tarde pas à arriver au-dessus d'une vaste excavation taillée à pic dans le rocher, et au-dessus de laquelle, vers l'est, se trouve un trou assez bas, naguère muré, et qu'on a débouché, afin de pouvoir pénétrer plus à l'aise dans les vastes souterrains sur lesquels il ouvre. Il faut se baisser beaucoup pour franchir cette entrée ; une fois à l'intérieur, on suit une rigole qui permet d'accéder, sans trop de fatigue, aux carrières proprement dites. Ces souterrains, dont le plan est tout à fait irrégulier, ont un développement très-considérable. Plusieurs hommes munis de torches nous précèdent, afin de nous éviter des accidents qui pourraient devenir fort graves, grâce à la profondeur de certaines parties de ces cavernes. Rien de saisissant comme l'effet de ces lumières mobiles sur les grandes masses noires au milieu desquelles on chemine ; mais aussi rien de fatigant comme la chaleur que l'on endure dans cet enfer ; on peut y entrer glacé, et être certain qu'on en sortira couvert de sueur. Les traces de l'antique exploitation se montrent partout où on les cherche. Ce sont des coupures larges de douze à quinze centimètres, pratiquées à l'aide d'un instrument tranchant, et dont le fond présente une courbure circulaire due à la direction donnée à l'outil par le mouvement des bras de l'ouvrier placé devant la pierre qu'il entamait ainsi. Une fois le bloc à extraire limité par des coupures de ce genre, des coins de bois engagés dans le plafond, et qu'on mouillait, détachaient, par leur dilatation, la masse destinée à la taille définitive, qui s'effectuait dans la carrière même, ainsi que nous l'apprend l'Écriture sainte. Ce même mode d'opération était employé dans les autres carrières de l'antique Jérusalem.

Avant de rentrer en ville, nous avions un dernier point à visiter : c'est celui où M. de Barrère, avec toute apparence de raison, place définitivement le tombeau d'Hélène, reine d'Adiabène, tombeau qu'on a mis un peu partout, pour les besoins de la thèse qu'on entendait soutenir. et qui, en définitive, ne peut être qu'en un seul point. Ce point, c'est incontestablement la masse de rochers sur laquelle fut l'église de Saint-Étienne, dont il ne reste plus la moindre trace aujourd'hui. Dans ces rochers sont creusées quelques grottes sépulcrales dont l'une a pu parfaitement servir de tombe à la reine d'Adiabène. Chaque année, les Juifs de Jérusalem, en souvenir d'un personnage qui est venu au secours de leurs ancêtres dans un temps de disette, personnage dont ils ignorent d'ailleurs le sexe, et qu'ils croient un homme, bien qu'ils l'appellent assez ridiculement Kelbah-Cheboua « la chienne qui rassasie; » les Juifs, dis-je, célèbrent, à une époque déterminée de l'année, une fête commémorative qu'ils commencent sur ce rocher, et qu'ils vont terminer aux Qbour-el-Molouk. C'est Barrère qui, le premier, a recueilli ce renseignement précieux. La tradition est donc d'accord avec l'hypothèse qui placerait là le tombeau de la « chienne » qui rassasia les Juifs, de la bienfaitrice à laquelle, dans leur reconnaissance, ils ont appliqué une si aimable qualification.

A la suite d'une exploration aussi longue, nous étions véritablement exténués par la fatigue et par la chaleur; nous avons donc regagné la ville, et à quatre heures, nous rentrions à l'hôtel. Le frère Liévin est venu partager notre dîner, et la conversation générale n'a cessé de rouler sur tout ce que nous avions eu le bonheur de voir pendant cette journée si bien employée. Nous avions décidé que, pour ne pas perdre un temps précieux, nous partirions dès le lendemain pour Hébron.

Comme nous nous mettions en route le jour même de la Toussaint, nous avons de très bonne heure été entendre la messe à l'église de Saint-Sauveur, c'est-à-dire à la paroisse, qui n'est que l'église du couvent des Franciscains. A six heures et demie, le frère Liévin est venu me chercher, et avec Gélis, nous nous sommes rendus au couvent. L'abbé, de son côté, était au Saint-Sépulcre. Pendant la messe que j'entendais, Mgr le patriarche a fait son entrée de cérémonie dans l'église, où il venait célébrer pontificalement la solennité du jour. Il a une prestance magnifique, un très grand air, qui fait involontairement penser aux splendeurs du patriarcat pendant toute la durée du royaume latin de Jérusalem. A la sortie de la messe, j'ai été serrer la main du révérendissime et prendre congé de lui.

A huit heures et un quart seulement, nous étions à cheval. Nos montures nous attendaient au Bab-el-Khalil, et nous nous sommes immédiatement mis en marche par la plus splendide matinée. Nous n'avons pas été plus tôt en route, que deux piètres bachibozouq, deux gamins ne valant pas une chiquenaude, sont venus prendre la tête de notre petite colonne. C'est une escorte que nous envoie le pacha, et franchement, cela est presque bouffon. Mais l'intention est bonne; ne voyons donc que l'intention. Seulement, s'il nous arrivait une mésaventure en route, ce ne sont pas ces deux guerriers-là qui nous tireraient d'affaire. En pareil cas, j'aurais beaucoup plus de confiance en nos fusils et en nos révolvers.

A une demi-lieue de Jérusalem est arrivé au devant de nous un petit groupe de trois cavaliers armés de lances de bédouins. Celui qui marche à leur tête est le Cheikh-Ismaïl, fils de mon pauvre ami le Cheikh-Hamdan, qui s'est noyé dans le Jourdain, il y a quelques années, en essayant de le traverser. Ismaïl est loin d'avoir la bonne figure franche et honnête de son père ; il a un petit air aigrefin et pointu qui ne me prévient pas en sa faveur. J'avouerai ici que j'ai un défaut, ou une qualité, comme on voudra : c'est de me faire, à première vue, une opinion sur le compte des gens que je rencontre. Je n'en reviens que difficilement ; d'autant plus difficilement à l'âge où je suis, que j'ai plus fréquemment reconnu que ces impressions primesautières m'avaient rarement trompé. Ismaïl et ses deux acolytes mettent pied à terre à mon approche, et viennent me saluer à l'arabe, c'est-à-dire en me baisant la main. Je les invite à remonter aussitôt à cheval, pour ne pas perdre de temps en salamalecs inutiles, et nous continuons notre course. Chemin faisant, je cause assez longuement avec Ismaïl de sa tribu, et de son père surtout. Je lui demande des nouvelles de mon vieil ami Ahouad, qui est encore vert et bien portant, ce dont je suis enchanté, et je prie le cheikh de l'engager à venir me voir lorsque je serai de retour à Jérusalem. Évidemment cette visite sur la grande route était une tentative faite pour s'accrocher à nous et nous tirer de la sorte un bakhchich sur lequel je n'avais pas compté le moins du monde. Je décline donc très-formellement l'honneur de la compagnie du cheikh et de ses deux cavaliers, et je les engage à regagner leurs tentes, après leur avoir laissé entrevoir pour plus tard une course à travers le territoire des Tâamera, course que je n'ai pas du tout l'envie d'entreprendre. Lors donc que nous avons quitté la route directe de Beït-Lehm, un peu en avant du tombeau de Rachel, ces braves écumeurs de route ont pris de leur côté, et nous du nôtre. Bon voyage!

Après avoir passé devant le fameux puits de l'Étoile miraculeuse, on se trouve en face du couvent de Mar-Élias. Il y a treize ans, il était en ruine; aujourd'hui il a été réparé, et a tout à fait bonne apparence; la route elle-même a été mise en fort bon état; mais qu'est-ce qu'un lambeau de route pour tout un pays qui en manque de la manière la plus absolue?

Dès que l'on arrive à l'antique voie d'Hébron, on chemine à travers la rocaille et les trous fangeux. Quand on pense combien il faudrait peu de chose pour faire ici des routes passables, on se sent vraiment pris de colère contre l'inepte administration qui laisse ainsi tout un magnifique pays à la grâce de Dieu !

Les premières pluies n'ont pas enjolivé le chemin, mais elles ont déjà fait verdir les prairies et fleurir les charmantes petites pâquerettes roses et blanches qui les émaillent. Après une heure de gymnastique équestre, nous arrivons au pied du Qalâat-el-Bourak, où nous faisons la halte du déjeuner. Les murailles de la forteresse nous procurent l'ombre nécessaire; la fontaine, qui alimente pour sa part les trois merveilleuses Vasques de Salomon, nous fournit l'eau du repas, et nous nous sentons tout ragaillardis par l'air pur que nous respirons. Des familles d'Arabes chrétiens, qui se rendent aux offices de la Toussaint à l'église du couvent de Saint-Georges (El-Khoûdr), placée dans le voisinage, égayent singulièrement le paysage, qui en tout autre moment est triste et désert. Nous avons passé là une heure charmante, visitant la grande vasque supérieure, l'abondante fontaine auprès de laquelle nous nous sommes installés, et, à quelque deux cents pas à l'ouest, l'entrée, fermée de grosses pierres, d'une autre fontaine qui pourrait bien du reste n'être alimentée que par la même source. Entre le Qalâat et ce puits fermé, on rencontre assez souvent sur le sol de gros cubes de mosaïque, analogues à ceux qui proviennent du Temple. Il y a donc eu là évidemment des constructions antiques, et même des constructions somptueuses. Je suis tout à fait porté à adopter l'opinion de ceux qui placent en ce point l'Étham biblique.

Après une halte d'une heure entière, nous nous sommes remis en route, et nous avons franchi la barrière de collines qui s'étendait devant nous, au sud. Une fois arrivée sur le plateau, la route longe une vallée plantée de bouquets de broussailles, et qui se nomme Ouad-el-Biâr, la vallée des Puits. De distance en distance on y rencontre des fours à chaux qui paraissent assez récents, et des puits qui, en revanche, semblent fort antiques. Ce sont donc bien réellement ceux-ci qui ont valu son nom à la vallée que nous parcourons sous un soleil ardent, et en maugréant contre la chaleur. Il est vrai qu'il est midi, et c'est une heure difficile à supporter en pareil climat, même à cette époque de l'année.

Lorsqu'on est arrivé devant Kharbet-en-Nasara, on entre dans la charmante vallée d'Hébron, qui est partout plantée de vigne sur le flanc gauche qui s'élève immédiatement au-dessus de la route. Malheureusement on entre aussi sur l'infernal pavé qui ne cesse plus jusqu'à la ville, et qui est encaissé presque partout entre deux murailles. Comment vient-on à bout de franchir ce pavé sans se tuer dix fois pour une, c'est en vérité ce que j'ignore. Et qu'on dise, après avoir voyagé là-dessus, qu'il ne se fait plus de miracles!

Nous arrivons enfin devant Hébron ; nos tentes nous avaient précédés et étaient plantées sur une vaste prairie, qui domine, à droite, le bâtiment de la Quarantaine. La ville, qui est considérable, est partagée en groupes d'habitations, bien séparés les uns des autres. Ne serait-ce pas là, par hasard, la véritable origine du nom de Kiriath Arbâa, les Quatre villes, qu'Hébron a porté dans l'antiquité la plus reculée? Je suis bien tenté de le croire. Les Juifs expliquent ce nom par la présence en ce point des sépulcres de quatre patriarches. Malheureusement, ces quatre patriarches ne sont que trois, Abraham, Isaac et Jacob, puisque Joseph fut enterré à Sichem.

Nous allons commencer l'apprentissage de notre vie sous la tente, vie dont nous ne serons pas quittes de sitôt. L'abbé Michon, Louis, mon valet de chambre, et moi, nous logeons sous le même toit de coutil. Gélis et de Behr occupent une seconde tente ; et une troisième abrite nos bagages, tout en nous servant de salle à manger. Nous ne nous attendions certes pas au froid glacial qui nous saisit, à peine descendus de cheval. Nous avons été rôtis pendant toute la journée, et voilà que maintenant nous sommes gelés! Bonne occasion pour prendre la fièvre!

Pendant que nous nous déraidissons un peu les jambes en flânant autour de notre camp, nous assistons de loin à une fête des plus gaies, qui se célèbre au cimetière, autour d'une fosse toute nouvelle. Une nuée de femmes chantent et dansent, ou plutôt hurlent et se démènent comme un tas de démoniaques, pour faire honneur à un pauvre diable qui a été tué hier d'un coup de fusil, et qu'on a enterré il y a une heure. On me raconte qu'il a péri en défendant ses troupeaux. Ceci est pastoral : la vérité l'est un peu moins. Le mort était tout simplement un conscrit qui a cherché à se dispenser du service militaire, qu'il trouvait incompatible avec sa dignité personnelle. Il s'est donc voué à la carrière de réfractaire, fort goûtée en ce pays ; malheureusement la carrière n'a pas été longue pour lui. Les bachi-bozouq chargés de le faire revenir de sa détermination, ne réussissant pas à entamer avec lui une conversation intime qui leur permît de lui appliquer les poucettes, se sont empressés de faire tout ce qui était en leur pouvoir pour calmer son envie de courir. Ils lui ont tiré dessus, et, faut-il qu'il ait eu du malheur ! c'est une balle de bachi-bozouq qui l'a tué. Les filles et femmes de sa connaissance chantent et dansent ; les hommes, très probablement, nettoient leurs escopettes à l'intention des recruteurs ; et, de fait, pendant tout mon séjour à Jérusalem, on n'a cessé de dire devant moi qu'il n'était pas prudent d'aller se promener du côté d'Hébron.

Avant le dîner, j'ai été visiter les deux piscines qui sont aux abords de la ville. L'une, la plus grande, a été évidemment réparée à une époque assez récente, et ses murailles semblent modernes. L'autre, qui est relativement très petite, paraît beaucoup plus ancienne.

Le froid piquant dont nous souffrons nous a bien vite fait rentrer sous nos tentes ; le dîner s'est passé fort gaiement, et nous n'avons pas tardé à gagner nos couchettes.

Les chiens n'ont pas dégénéré de ce qu'ils étaient il y a treize ans. Toute la nuit, ils ont fait un concert infernal autour de nous, avec une nuée de chacals pour *soprani*.

2 novembre.

Ce charivari désagréable, joint à la froidure, nous a enlevé une bonne partie du repos sur lequel nous comptions. Aussi étais-je sur pied bien avant que le jour ne fût venu. Il est vrai que le clair de lune m'avait trompé, ainsi que l'abbé, et que ce que nous prenions pour la clarté de l'aube n'y ressemblait pas le moins du monde. J'ai profité de mon erreur pour mettre mes notes en ordre, et me rattraper du petit mouvement de paresse qui, la veille au soir, m'avait fait négliger de tenir mon journal au courant. Quelque pitoyable qu'ait été la nuit, elle ne m'a pas moins reposé, et je me suis réveillé dispos et frais pour les courses de la journée.

Nous avons commencé tout naturellement par aller visiter le Haram, c'est-à-dire la mosquée construite au-dessus de la grotte de Makfelah, où ont reposé Abraham, Isaac et Jacob, avec leurs femmes. Mais ici, comme naguère à Jérusalem, un étranger peut admirer les murailles du dehors, et c'est tout. Les habitants d'Hébron sont des fanatiques de la pire espèce, et tenter un peu plus que de voir de loin, ce serait s'exposer à un danger certain.

Nous entrons donc dans la ville, avec ces réserves, et nous nous dirigeons vers le Haram. C'est une construction magnifique, et qui ressemble fort aux plus belles parties de la muraille extérieure du Haram-ech-Chérif de Jérusalem, c'est-à-dire à celles que j'attribue, avec toute confiance, à Salomon lui-même. Comme David, père de Salomon, a régné pendant sept ans et demi à Hébron avant de se rendre maître de Jérusalem, où il transporta le siége de la royauté, je n'ai pas le moindre scrupule à attribuer l'enceinte sacrée d'Hébron à David lui-même.

Le temps a donné aux pierres de cet antique édifice une belle patine noire, sur laquelle les joints blancs, cimentés par les Turcs, font le plus détestable effet. Une rampe en escalier, au pied de laquelle nous sommes forcés de nous arrêter, conduit à la porte par laquelle on pénètre dans l'édifice sacré. Au bas, et à gauche de cet escalier, est un bloc que l'on regarde comme faisant partie du roc lui-même, et sur lequel il est permis aux Juifs de venir prier.

Après une première station aux abords du Haram, j'ai pensé qu'il était convenable d'aller faire une visite au moutzellim, tout fraîchement nommé, et qui se trouve être le beau-frère d'Akkil-Agha, à qui, lors des massacres de Syrie, sa conduite honorable a valu, de la part de l'Empereur, un cadeau de belles armes et la croix de la Légion-d'Honneur. Nous avons été parfaitement bien reçus, et nous avons longuement causé en fumant des cigarettes et en buvant force tasses d'un café qui ne valait pas grand'chose. Le tchibouk n'est plus de mode, à ce qu'il paraît. Les

Arabes se sont mis à la cigarette, voire même aux plus méchants cigares, qu'ils acceptent avec reconnaissance. La civilisation marche décidément en ce pays, puisqu'on y abandonne d'excellentes choses qu'on remplace par de fort médiocres, par la seule raison qu'elles coûtent un peu moins cher.

Pendant que je cause avec le moutzellim, la chambre se remplit d'un tas de déguenillés qui laissent respectueusement leurs savates à la porte, et vont s'accroupir où il leur convient, le long des murs, sans saluer personne et sans souffler mot. Ce sont les gentilshommes du pays qui viennent faire leur cour. Parmi eux est un beau garçon un peu mieux vêtu que les autres, et dont la ceinture est ornée d'une foule de pistolets; c'est un Kurde transplanté en Judée, et devenu capitaine d'une bande de bachi-bozouq. Dans un coin est un fort vilain monsieur, habillé à la turque; c'est le secrétaire du moutzellim, et je parierais beaucoup contre rien que ce n'est pas celui-ci qui l'a choisi; je n'ai jamais vu figure de fouine plus caractérisée que celle de ce secrétaire. Il écoute tout ce qui se dit, en mitraillant l'assistance de regards en dessous, indécis, d'une fausseté à toute épreuve. Voilà un gaillard à qui j'aimerais beaucoup n'avoir jamais affaire. Comme je désire voir l'extérieur du Haram un peu mieux que je n'ai pu le faire encore, je demande au moutzellim comment il faut m'y prendre pour atteindre ce résultat. « Le plus facile, me dit-il, est d'aller visiter la caserne attenante, des terrasses de laquelle vous serez, pour ainsi dire, contre la sainte muraille. » Le vilain secrétaire dont je viens de parler est donc dépêché au chef de bataillon qui commande la garnison actuelle d'Hébron, afin de lui annoncer ma venue. Il remet ses souliers et part. Celui-là avait eu la précaution fort sage, je le crois, de déposer ses chaussures à côté de lui, tous les autres assistants laissant les leurs sur le seuil de la porte; j'imagine qu'il doit se commettre, à la sortie, de petites méprises à l'aide desquelles on échange des savates hors de service contre d'autres savates un peu moins détraquées. Au bout d'un quart d'heure, notre homme a reparu, et, ses souliers à la main, car il ne se serait pas permis de parler autrement que les pieds nus, il nous a annoncé que notre visite était attendue. Là-dessus, nous nous sommes mis en route, le moutzellim à notre tête, et nous avons gagné la caserne, qui est à quelques pas. J'ai vu bien des constructions délabrées, mais je déclare que je n'ai jamais rien vu de plus ignoblement dévasté que ce que l'on appelle ici le Qalâah. Il n'y a pas un escalier, pas un plancher, pas un plafond, pas une toiture qui ne soit dans le plus piteux état. Et il y a un bataillon là dedans! Voilà, en vérité, des soldats agréablement casernés! Les marmites de la troupe sont dans les latrines, ou, pour être plus exact, les latrines sont partout. O grand peuple, va! avant que tu aies achevé la conquête du monde, sur laquelle tu comptes, il se passera du temps. Mais il ne s'agit pas de faire le dégoûté; j'ai l'air de tout admirer, afin de regarder à mon aise ce que je veux étudier. J'avoue, du reste, que cette nouvelle inspection ne m'apprend rien du tout. Qui a examiné le Haram d'Hébron du bas de l'escalier, où je me suis arrêté d'abord, en a vu tout autant qu'il en pourra voir en quelque autre point qu'il se place. De la caserne, que je n'ai quittée qu'en donnant un bon bakhchich à l'officier et aux sous-officiers qui m'ont fait l'honneur de m'accompagner, nous gagnons, par une ruelle ignoblement sale, le flanc de la colline, qui domine le Haram par derrière, c'est-à-dire à l'est. C'est toujours le même aspect, et cette enceinte, d'un appareil magnifique, présente partout les mêmes caractères.

Mais les heures ont passé; il commence à être temps de remonter à cheval. Je prends donc congé du moutzellim, à qui je ne permets pas de m'accompagner jusqu'à nos tentes; un peu plus loin, je renvoie ses caouas, qui perçoivent le bakhchich inévitable, et je regagne le plus lestement possible notre campement. Une fois tous réunis, nous avons enfourché nos montures, et repris la route de Jérusalem, enchantés de notre excursion.

Notre projet étant d'aller coucher à Beït-Lehm, nous n'avons pas besoin de nos tentes; celles-ci, avec tous nos autres bagages, doivent donc regagner l'hôtel Hauser comme les moukres l'entendront, et nous ne nous en inquiétons guère. Notre drogman Antoun nous accompagne seul avec Scharir et une mule chargée du déjeuner que nous devons prendre à l'Ayn-ed-Diroueh. Arrivés d'assez bonne heure encore, nous nous sommes installés sur l'herbe par le plus beau temps du monde.

Après le repas, j'ai examiné avec un peu plus d'attention la ruine placée au-dessus de la fontaine et les tombes creusées dans le rideau de rochers y attenant. Tout cela est fort ancien. On y retrouve quelques chambres bien distinctes. Dans les tombes, il y a des cuves taillées dans le rocher, et des fours à cercueil comme on en voit tant dans les diverses nécropoles de la Judée. Devant nous, à l'Ouest, se dresse, sur le sommet d'une colline, le Bordj Sour. L'abbé et moi, nous nous décidons à y monter. Cette tour aussi me semble chrétienne; mais ce qui m'inté resse vivement, ce sont de belles excavations sépulcrales taillées dans les rochers qu'elle surmonte.

Il est curieux de remarquer, en passant, que l'Ayn-ed-Diroueh donne de l'eau qu'un puits absorbe sur place, et qui ne forme pas de ruisseau.

Dès notre arrivée à la source, nous avons été rejoints par une bande nombreuse de bachi-bozouq, à la tête desquels marchait l'agha druse que j'avais vu le matin chez le moutzellim d'Hébron. Je lui ai fait offrir le café et la pipe, ce qui nous a valu une fantasia de ses cavaliers, fantasia dans laquelle il a lui-même joué le premier rôle avec beaucoup de grâce et de légèreté. Parmi ses tours de force équestres, il en est un véritablement agréable à voir. Saisissant la lance d'un de ses hommes, notre Druse, après l'avoir manœuvrée dans tous les sens, a laissé glisser dans sa main la hampe jusqu'à terre, et autour du point déterminé par l'extrémité de cette hampe, il a parcouru plusieurs cercles au triple galop de son cheval, tandis que la lance décrivait un cône aigu, dont le sommet était son point de contact avec le sol. Pour exécuter cette évolution difficile, il faut évidemment que cheval et cavalier soient doués d'une souplesse extraordinaire. Du reste, le plus drôle de corps de la bande était un nègre, portant attachées à l'arçon de sa selle deux petites timbales de cuivre sur lesquelles il ne cessait de frapper comme un sourd.

Une fois notre halte terminée, nous avons repris notre route de la veille, jusqu'aux Vasques de Salomon ; à partir de là, les bachi-bozouq se sont dirigés sur Jérusalem, et nous, tournant immédiatement à droite, entre le château-fort et le premier grand bassin, nous avons pris le chemin de Beït-Lehm, en longeant les trois bassins superposés qui constituent l'ensemble vraiment magnifique des Vasques.

Nous suivons presque constamment le fameux aqueduc antique qui s'en détachait pour amener l'eau à Jérusalem. C'est, partout où on l'aperçoit, un vrai canal formé et recouvert de gros blocs, entre lesquels l'eau suit une ligne de tuyaux de terre cuite, indices d'une réparation plus moderne que celle qu'effectua Ponce-Pilate. La vue de cet aqueduc cause souvent la plus singulière illusion; il a l'air de monter, au lieu de suivre un plan incliné en avant; et il faut voir le sens dans lequel l'eau y coule rapidement pour se convaincre que l'on a affaire à un véritable trompe-l'œil.

Une fois arrivé tout près de Beït-Lehm, on quitte le niveau de l'aqueduc, et il faut escalader des plans inclinés fort raides pour atteindre la sainte bourgade. Là encore, les rues sont tellement accidentées que l'on ne peut conduire son cheval qu'avec de grandes précautions, si l'on ne veut pas s'exposer à de graves accidents. A la porte du couvent, c'est-à-dire dans le cimetière qui précède celui-ci, nous avons mis pied à terre, et comme je n'avais pas perdu la mémoire du peu de hauteur de la porte d'entrée, j'ai pris mes précautions pour ne pas m'y assommer comme je l'avais maladroitement fait à mon premier voyage.

Après la limonade et le café obligatoires, le frère servant nous a montré nos chambres, où nous nous sommes installés sur le champ. L'abbé et moi, nous logeons ensemble. De Behr et Gélis occupent une seconde pièce, et Louis une troisième. Dès que nous avons été un peu débarbouillés et remis de la fatigue de la course, chacun a songé à sa besogne. Gélis, de Behr et moi, nous sommes montés sur la terrasse dont je me rappelais la vue splendide, et là, la boussole a naturellement fonctionné. Le temps était très-beau, très-clair, rien donc n'était plus facile que de prendre, du haut de cet observatoire, une ample série de directions. Pendant que nous étions occupés à reconnaître ainsi tout le pays d'alentour, l'abbé s'était hâté de se rendre à l'église primitive, afin d'estamper les panneaux d'une très-belle porte en bois du XIIIe siècle, avec inscriptions grecque, arménienne et arabe. Il avait donc appliqué contre cette porte une échelle, qu'il s'était procurée je ne sais comment, et il commençait à faire usage du papier mouillé et de la brosse, lorsqu'une espèce de sacristain, de la communauté grecque, est venu pour le jeter à bas de son échelle, en proférant contre son audace des cris de paon. Aussitôt Grecs et Latins d'accourir et de se menacer. La chose prenait une assez mauvaise tournure, lorsque mes deux amis et moi nous sommes arrivés en toute hâte au milieu de la bagarre qu'on venait de nous signaler. De part et d'autre, je dois le dire, on ne se ménageait pas les injures, et il était clair qu'à continuer sur ce ton-là on ne tarderait pas à passer aux coups. J'ai tâché de mettre un peu le holà, malgré les incitations de quelques énergumènes, et après un quart d'heure de criailleries, la querelle s'est apaisée. Quelle honte pour des soi-disant chrétiens que ces disputes ridicules qui se renouvellent presque tous les jours! J'en étais, je l'avoue, profondément dégoûté.

Après avoir ainsi manqué de nous gourmer à propos d'une vieille planche, et pour l'honneur de notre confession, j'ai prié le père gardien, très-aimable homme et très-prévenant, de nous faire visiter les sanctuaires; il a immédiatement accédé à ma demande, et nous avons fait notre première tournée sous sa direction, en compagnie du bon frère Liévin, qui est venu nous rejoindre à Beït-Lehm. Ce n'est pas sans un bien vif et bien doux intérêt que j'ai revu tous les lieux saints, dont j'avais conservé un souvenir assez exact.

Notre soirée s'est passée très-tranquillement. Après un fort bon dîner, où nous avons bu d'excellent vin, produit des vignes du couvent, nous avons été prendre possession de nos lits. Demain matin, nous devons aller visiter le Djebel-Foureïdis, c'est-à-dire Herodium, et, cette course achevée, nous rentrerons à Jérusalem avant la nuit.

3 novembre.

Au réveil, je me sens mal en point; il serait prudent, sans doute, de me dispenser de la course projetée, et de rentrer directement en ville; il serait plus sage encore de me livrer à un repos absolu à Beït-Lehm même; mais la prudence n'a pas voix au chapitre; j'ai le plus vif désir de voir à mon aise, et à sa place indubitable, l'appareil hérodien. Je prends donc le parti de ne tenir aucun compte de indisposition qui arrêterait un voyageur craintif, et je presse les préparatifs du départ. Je me reposerai demain ; demain je m'occuperai de ma santé. Pour aujourd'hui, j'ai mieux à faire.

A sept heures et un quart, nous étions tous à cheval, réunis dans le petit cimetière qui longe la place du couvent. A propos de cette place, j'ai appris une bonne histoire, dont je ne voudrais pas priver mes lecteurs. Comme toutes les places du monde, celle-ci devrait être balayée de temps en temps ; mais les Latins d'un côté et les Grecs de l'autre s'invectivent le balai à la main, prétendant respectivement avoir le droit exclusif de se servir en pareil lieu de cet humble instrument. En sorte que, si les langues font beaucoup de besogne au sujet du nettoyage de la place, il n'y a qu'elles qui travaillent. Quand donc se trouvera-t-il une volonté assez forte pour couper court à ces misérables disputes, qui avilissent le christianisme aux yeux des Turcs ? Ceux-ci se moquent de nous tous, et ils ont, ma foi, bien raison de le faire, puisqu'on ne sait pas les en empêcher en montrant plus de dignité, plus de vrais sentiments religieux. Oh ! qu'en certains cas on ferait bien de démonter les balais oisifs, et d'appliquer à qui de droit une bonne volée à l'aide des manches !

Nous voilà partis; mais si la montée à Beït-Lehm m'a paru difficile hier, en venant d'Eurtâs, la descente aujourd'hui me paraît bien autrement diabolique ; elle l'est, en effet, et quelque envie que j'aie de ne pas trop me fatiguer, force m'est bientôt de mettre pied à terre pour atteindre au moins le fond de la vallée que nous avons à suivre. Et qu'on ne croie pas que ce soit timidité de ma part; Mohammed et Botros, deux enragés cavaliers s'il en fut, m'ont donné l'exemple, et je me résigne à le suivre, d'autant plus volontiers que je sais qu'à cette descente mon ami Barrère s'est cassé la jambe pour s'être montré plus entêté que moi.

Quand je suis enfin arrivé à un point où il devenait possible de faire cheminer ma monture sans crainte d'accident, je me suis remis en selle. Là, j'ai eu une agréable surprise. Maître Ibrahim-Hanna et un autre gaillard de même farine, âgé d'une vingtaine d'années, tous deux armés de piteuses escopettes, nous attendaient au passage; mais, avec le plus grand respect, ils viennent me saluer et me baiser la main. J'ai l'honneur de faire la connaissance du frère d'Ibrahim, car c'est son frère qui l'accompagne. Partout ailleurs, la figure de cet homme m'eût été désagréable; mais ici, où, je le répète, chacun fait la police pour son compte et se charge de sa propre sûreté, peu m'importe la présence d'Ibrahim-Hanna. Ce qu'elle me rapportera de plus clair, c'est la connaissance exacte du nom des localités, que lui, essentiellement homme du pays, doit connaître à merveille; j'ai donc plus lieu d'être satisfait de sa venue que d'en être fâcheusement surpris.

Nous continuons notre chemin, et après vingt-cinq minutes de marche, la vallée s'est suffisamment ouverte pour que nous puissions apercevoir, assez loin sur notre gauche, Beït-Sahour, le village des pasteurs des traditions chrétiennes, et à droite, un sommet couvert de grosses pierres nommé Qoroun-el-Hedjar, les Cornes de Pierre.

Il y avait plus d'une heure que nous avions quitté Beït-Lehm, lorsque nous avons vu devant nous, et à quelques centaines de mètres seulement, le cône régulier que couronnent les ruines de la forteresse d'Herodium. C'est aujourd'hui, pour les habitants du pays, le Djebel-Foureïdis, « la montagne du Petit-Paradis, » et pour les chrétiens, la montagne des Francs. Une absurde tradition, qui ne mérite pas qu'on s'occupe de la réfuter, prétend qu'après la chute du royaume de Jérusalem, les Latins se réfugièrent là-haut, et y tinrent pendant quarante ans contre les efforts des conquérants musulmans. Cette belle histoire est dénuée de toute vraisemblance; car, pour défendre quarante ans une forteresse, il faut des vivres, de l'eau, et surtout des défenseurs. Où aurait-on pris tout cela?

Il n'est pas possible de monter à cheval jusqu'au sommet du cône, et il faut se décider à mettre pied à terre à l'endroit où l'escarpement devient tout à fait rectiligne. Une fois au sommet, on trouve une esplanade de quatre à cinq mètres de largeur, qui entoure une construction circulaire, assez semblable, comme effet général, à un amphithéâtre antique entièrement dégradé. Sur le mur d'enceinte étaient placées, à l'est, une tour circulaire entière, et aux trois autres points cardinaux, des demi-tours également circulaires. Il n'y a là absolument rien qui ressemble, de près ou de loin, à une construction du temps des croisades. A la tour de l'est, le sol nous ayant présenté quelques traces de mosaïque, le frère Liévin a eu l'idée de gratter un peu la terre, et il nous a fait immédiatement retrouver la mosaïque en place. L'occasion de me procurer un échantillon de mosaïque judaïque, pour ainsi dire rigoureusement datée, était trop belle; aussi l'ai-je saisie avec empressement. Quelques Arabes de la tribu des Tâamera avaient été attirés auprès de nous, un peu par la curiosité, beaucoup par l'envie de nous extorquer un bakhchich; j'ai

5.

dépêché l'un d'eux à Beït-Tamar, avec ordre d'en rapporter une pioche, et nous avons pu déraciner, de cette façon, une large plaque de mosaïque hérodienne, qui ira au Louvre.

Vers la demi-tour septentrionale, à gauche, dans une face de muraille dirigée du sud au nord, s'ouvre un trou étroit, formé par l'arrachement de deux ou trois blocs de parement. L'abbé, le frère Liévin et moi, nous nous mettons en devoir de franchir ce trou et de pénétrer dans les chambres auxquelles il donne accès. Les deux premiers passent sans trop de difficulté; quant à moi, c'est une autre affaire; j'y passerai une autre fois, quand j'aurai notablement diminué en long et en large. Le fait est que je me suis trouvé, au moment où je m'y attendais le moins, pincé entre les mâchoires d'un étau, et qu'il a fallu me faire tirer de là par mes amis. Sans eux, j'y serais encore.

Ce trou conduit à une chambre circulaire, recouverte par une coupole sphérique, construite en petit appareil. Le sommet de la coupole présente un trou rond, percé dans une pierre circulaire et servant de clef ou de bouchon à la voûte.

Pendant que nous étions occupés de l'étude des ruines situées au sommet du cône d'Herodium, est arrivé le cheikh Ismaïl-ebn-Hamdan, qui était un peu sur son terrain; il venait, disait-il, me rendre ses devoirs; mais la vérité, c'est qu'il voulait s'assurer que je ne déterrais pas des trésors. Il n'est d'ailleurs le chef que d'une fraction des Tâamera; nous en avons eu la preuve une heure plus tard. Après avoir jeté un dernier coup d'œil sur le curieux panorama que l'on domine d'en haut, avoir acquis la certitude que de là on voit très-bien la mer Morte, et que du côté du sud et de l'est on n'aperçoit que des sommets nus et déserts, nous sommes redescendus par le même sentier que nous avions suivi en montant. Une fois en bas, nous nous sommes remis en selle et nous avons repris le chemin de Beït-Lehm.

Lorsque nous avons eu dépassé Beït-Tamar depuis un quart d'heure, nous avons aperçu devant nous trois cavaliers arabes, accroupis sur le sol à côté de leurs chevaux, et leurs interminables lances plantées en terre. C'était Safi, autre cheikh des Tâamera, et deux de ses serviteurs. Safi, qui est le plus insigne misérable, un assassin émérite et un vrai voleur de grand chemin, nous attendait au passage pour demander, à moi d'abord, et à Ismaïl ensuite, de quel droit nous étions allés visiter le Djebel-Foureïdis sans l'avertir de notre venue. Ceci était un appel au bakhchich des plus transparents; mais j'ai jugé bon de ne pas avoir l'air de comprendre.

Après quelques phrases banales échangées avec ce drôle, nous avons continué notre chemin et regagné le couvent.

Nous nous sommes reposés deux heures et nous avons ensuite regagné Jérusalem au plus vite. Nous y étions de très-bonne heure, et, le soir, nous sommes allés dîner au consulat. Nous avions formé le projet de partir dès le lendemain pour notre expédition transjordane; nous devons y renoncer. Je ne suis pas tout à fait à mon aise, et mes amis me conseillent unanimement de prendre un jour de repos, pendant lequel je retrouverai la santé, dont je vais avoir grand besoin.

4 novembre.

Ce matin, de très-bonne heure, Salzmann, Mauss, le frère Liévin et moi, nous sommes allés examiner et lever avec soin la vieille construction qui se trouve au-dessous de la porte de Damas. Pour moi, c'est incontestablement une forteresse judaïque. Les blocs qui la constituent sont énormes.

Notre travail une fois terminé, nous sommes rentrés à l'hôtel, où j'ai regardé mes amis déjeuner. Je me suis condamné à faire diète, et j'ai eu raison. Il n'y a pas à songer à nous mettre en route le lendemain, et je réclame un jour de repos de plus, afin de n'avoir plus rien à craindre. Vers midi, j'ai eu la visite des cheiks des Adouân, Qablan et Abd-el-Aziz, sans la protection desquels il nous serait impossible de nous aventurer au delà du Jourdain. J'ai eu avec eux une une très-longue conversation qui m'en a fait des amis, et nous sommes convenus de toutes nos petites conditions. Ils me conduiront partout où j'ai le désir d'aller, et, à en juger par ce qu'ils me promettent, notre voyage sera des plus fructueux.

Kourchid-Pacha est remis de son indisposition, et Barrère m'a prévenu hier soir que nous serions reçus aujourd'hui, à quatre heures, en grande cérémonie. Il faut donc nous préparer à cette représentation d'apparat. Pendant que nous faisons toilette, arrive Mgr le patriarche, l'abbé de Quevauvillers et un autre jeune prêtre; il est impossible d'être plus prévenant que Mgr Valerga, et je lui exprime toute ma reconnaissance pour l'honneur qu'il a bien voulu me faire, en le priant de m'excuser si je me vois obligé de me rendre à l'heure dite au séraï, et de me priver ainsi du plaisir de causer avec Sa Grandeur aussi longtemps que je le désirerais. Mgr Valerga, qui est homme du monde, et du grand monde, excuse mon embarras et me laisse ma liberté; j'en profite et sors de l'hôtel en même temps que lui pour aller directement au consulat, où nous sommes attendus. Nous avons trouvé Barrère en grande tenue, ainsi que son chancelier M. Ledoulx, et, précédés de quatre caouas en costume de cérémonie, nous nous sommes rendus au séraï.

S. Exc. Kourchid-Pacha, en grande tenue lui-même, ainsi que tous ses officiers, nous attendait dans son divan. La réception qu'il nous a faite a été des meilleures. Les limonades, le café et les cigarettes ont été leur train, comme d'habitude, et nous avons longuement devisé de mes projets. Barrère a présenté au pacha la lettre vizirielle qui autorise Salzmann à faire des fouilles en mon nom, et le pacha nous fait remarquer que cette lettre porte en tête une courte suscription qui la lui recommande d'une manière toute spéciale. Je lui annonce alors que mon intention est de déblayer les Qbour-el-Molouk, et il a l'amabilité de m'annoncer qu'il se chargera lui-même, et aux frais de son gouvernement, de faire exécuter ce travail auquel je parais tenir. Naturellement, je le remercie avec effusion, mais, l'avouerai-je? je connais trop bien les Turcs pour attacher à cette offre plus d'importance qu'elle n'en a réellement, et je me promets *in petto* de prendre mes mesures pour que la chose soit faite, par lui s'il s'en souvient, par moi s'il l'oublie. On verra que j'avais raison de m'arrêter à cette détermination. Je lui ai dit aussi que je désirais faire une fouille au sud et à l'extérieur du Haram-ech-Chérif, et il s'est engagé à me faciliter cette fouille de tout son pouvoir. Il sait déjà que je vais m'engager dans une course au delà du Jourdain, et il me propose quelques hommes d'escorte. Je décline cet honneur, et je lui dis que, s'il veut m'adjoindre, à titre d'ami et de simple compagnon de voyage, un de ses officiers parlant l'arabe, je serai charmé de l'emmener avec moi; mais qu'ayant pris mes mesures pour être en parfaite sécurité pendant tout le temps que je passerai sur le territoire des Adouân, une escorte turque me serait plus embarrassante qu'utile. Je suis bien convaincu qu'il était parfaitement de mon avis sur ce point, il n'a donc pas insisté; mais, comme il a un bataillon qui tient garnison à Salt, il m'offre une lettre de recommandation, ce qu'on appelle un *bouyourouldou*, pour les autorités du pays où je vais. J'ai l'air d'accepter avec empressement, mais cette fois encore je sais bien ce que je ferai de cette lettre; elle restera dans ma poche et n'en sortira, ma foi, pas. Tout ainsi terminé de la façon la plus aimable de part et d'autre, nous prenons congé du pacha et nous regagnons l'hôtel Hauser, jusqu'à la porte duquel Barrère, avec son cortége, nous fait l'honneur de nous accompagner.

Une fois rentré, je me suis dépêché de reprendre mon costume de voyageur et de mettre bas les décorations. Ouf! j'en avais assez. Jusqu'à l'heure du dîner, j'ai eu la conversation la plus agréable avec le père révérendissime et avec le père Bassi, qui sont venus me rendre visite. Quelles excellentes et dignes gens! Vraiment, je me suis pris pour eux de la plus sincère amitié. Comme je me trouve déjà beaucoup mieux, j'ai dîné avec une extrême réserve, bien entendu; mais enfin, j'ai dîné sans le moindre inconvénient. Mauss était des nôtres, il vient avec nous et nous sommes convenus qu'il laissera des instructions au monde dont il dispose; chaque jour on ira voir au Qbour-el-Molouk si des ouvriers y travaillent par l'ordre du pacha. Si dans six jours personne n'y a paru, on se mettra à la besogne pour mon compte. Disons tout de suite que le septième jour j'avais sur ce terrain une demi-douzaine de fouilleurs, et le double d'enfants, chargés d'emporter dans des couffes les terres des déblais.

5 novembre.

Le lendemain, j'ai passé toute ma matinée

dans le repos le plus complet, mettant mes notes de voyage à jour et causant avec le cheikh Qablan qui est venu me revoir, et de qui j'ai tiré le plus de renseignements possible sur le pays que je vais parcourir. Il me promet de me faire visiter toutes les ruines qui y existent.

Comme je me sens tout à fait remis, je suis allé chez Mgr le patriarche, avec lequel j'ai passé une heure très-agréable. Après notre dîner, nous avons été au consulat achever notre soirée, et j'ai eu le bien vif plaisir de donner l'accolade à Barrère, en le recevant officier de l'ordre impérial de la Légion d'honneur. Avant dix heures, nous étions tous couchés, prenant des forces pour la chevauchée du lendemain. Toutes mes provisions sont faites; Antoun est prêt, ses dispositions sont bien prises pour que nous ne manquions de rien. Et maintenant, à la grâce de Dieu !

6 novembre.

Ce matin, de très-bonne heure, nous étions tous sur pied, et, après avoir pris le café, nous sommes allés, comme de coutume, chercher nos chevaux à la porte de Jaffa. Nos tentes, nos bagages de toute espèce sont déjà chargés, et enfin je donne avec bonheur le signal du départ. Il fait un temps magnifique, et la chaleur sera certainement dure à supporter dans le milieu du jour, d'autant plus que nous allons coucher à Er-Riha, et que le Rhôr n'est pas précisément inventé pour qu'on s'attende à y prendre le frais.

Nous avons contourné toute la partie occidentale et septentrionale de la ville, un peu gênés dans notre marche par la masse de nos bêtes de charge, dont nous avions hâte de nous séparer, afin de pouvoir cheminer à l'aise dans les routes déplorables que nous avions à parcourir. Une fois descendus au fond de la vallée de Cédron, nous prenons la route de Béthanie, c'est-à-dire celle qui longe le flanc du mont des Oliviers, en passant au-dessus des beaux monuments sépulcraux de la vallée de Josaphat. Il nous faut une demi-heure pour atteindre Béthanie. Le village est devenu un peu plus propre, un peu plus joli qu'il ne l'était il y a treize ans ; mais, en revanche, la vieille construction judaïque, ou tour carrée, qui le domine, a été fortement dégradée. Les gros blocs à encadrements, qui en ornaient encore la base, ont été arrachés, et probablement débités pour entrer dans les constructions récentes. Pauvres ruines ! En

Orient, leur sort commun est toujours de servir de carrière à qui veut.

A Béthanie, nous avons trouvé Cheikh-Mahmoud et son frère Moustapha, qui nous attendaient, et se sont joints immédiatement à nous pour nous faire escorte jusqu'à Jéricho. Leur présence ne nous est nullement nécessaire, mais elle est utile à eux-mêmes, et cela leur suffit amplement pour s'imposer. Patience ! c'est l'affaire de deux ou trois napoléons.

Quand on a dépassé El-Azâarieh depuis un quart d'heure, on aperçoit, sur le sommet du flanc droit de la vallée au fond de laquelle se trouve l'Ayn-el-Haoud, le village d'Abou-Dis, *capitale des États* de Cheikh-Mahmoud. Ni celui-ci ni son frère n'ont rajeuni depuis treize ans, et je les trouve un peu racornis. Nous atteignons enfin le tronçon détraqué de voie antique dont les lacets nous amènent, non sans difficulté, auprès de la fontaine qui, parmi les Arabes, est la source de l'Ange, et parmi les chrétiens, la Fontaine des Apôtres. Nous y faisons une halte d'un quart d'heure pour attendre deux retardataires et pour laisser à nos bagages le temps de nous dépasser. Mauss arrive, mais tout seul. Que diable est devenu Salzmann ? Je commence à avoir peur qu'il ne lui soit arrivé quelque accident. Ce n'est qu'un peu plus tard que j'ai su la cause de ce retard, tout volontaire de sa part. Afin d'avoir de l'eau convenable pour sa cuisine photographique, il a dû se munir d'une énorme dame-jeanne remplie d'eau de citerne de Jérusalem, et la dame-jeanne en question fait la charge d'une mule. Or, Salzmann a une peur affreuse que quelque culbute de la bête ne lui enlève ce précieux liquide, et, en conséquence, il ne la quitte pas de l'œil et marche du même pas que le moukre qui conduit l'animal. Après une halte d'un quart d'heure, nous nous sommes remis en route.

A la montée du Khan-el-Ahmar, nous faisons la halte du déjeuner. Quelques roches, qui bordent le chemin, nous servent d'abri et nous donnent, grâce à Dieu, un peu d'ombre, dont nous avons grand besoin. En nous appuyant contre ces roches, nous avons devant nous les ruines de Khan. Les flancs déchirés que nous apercevons, surtout à l'ouest du fort, présentent de grandes taches d'un rouge assez vif pour trancher sur le ton jaunâtre de tout le terrain environnant, et j'avoue que je suis fort tenté de croire que ces larges plaques rouges, que l'on aperçoit parfaitement du mont des Oliviers, ont donné son nom à la localité.

Au Khan-el-Ahmar, Salzmann nous a rattrapés; il prend donc sa part du repos de deux heures que nous nous donnons en ce point, afin de laisser passer la forte chaleur de midi. Aussi est-il une heure et demie lorsque nous remontons a cheval. Très-certainement, s'il ne nous restait pas une bonne moitié de notre étape à fournir, nous resterions une heure de plus à l'abri de ces roches bienfaisantes. Mais Jéricho est loin encore, et il faut bien s'efforcer d'y arriver le moins tard possible.

Je reconnais à merveille cette route, qui était restée présente à mon souvenir comme si je l'avais parcourue il y a un mois. Ici sont les mêmes traces de voie antique, là les mêmes ruines d'habitations, dont il ne reste que d'informes tas de pierres; plus loin, je revois le tronçon de borne milliaire que les Arabes ont appelée la Massue du Diable; puis je reconnais le flanc que j'avais escaladé pour apercevoir le fond de l'Ouad-el-Kelt, de cet ouad étroit, déchiré, et à parois verticales, que quelques jolis bouquets de verdure font apparaître parfois comme une riante oasis au milieu du pays désolé que nous traversons.

A un kilomètre plus loin, commence l'infernale descente qui conduit à Jéricho. Dès le sommet, il faut mettre pied à terre. Faire ce bout de route à cheval, en montant, c'est possible, mais en descendant, ce serait insensé. A force de sauter de roche en roche, on arrive à une petite ruine, située à gauche de la route, et qui se nomme maison de la

Fille de la Montagne, et dès lors on est pour ainsi dire arrivé à la plaine; la rampe, en effet, devient tout à fait douce, et l'on ne tarde pas à marcher en terrain plat. Presque aussitôt, on aperçoit, sur sa droite, un monticule que couronnent des ruines fort apparentes; c'est Kherbet-Kakoun.

Dès que nous sommes au bas de la montagne, et à l'entrée de la plaine, nous voyons arriver au-devant de nous un groupe de cavaliers. Ce sont mes amis les Adouân qui m'attendaient, et l'agha du Bordjd'er-Riha. Après les saluts d'usage, nous continuons notre chemin et nous nous dirigeons vers nos tentes, dressées à proximité du village moderne qui a probablement pris la place de la dernière Jéricho; de celle-ci on ne voit pas la plus petite trace. En longeant le lit du Nahr-el-Kelt, on aperçoit bien, à plusieurs reprises, quelques arcades ogivales d'un aqueduc qui apportait probablement l'eau de la fontaine d'Élisée à la ville du moyen âge. Voilà tout.

Ce qui est beaucoup plus ancien, sans aucun doute, c'est un magnifique tumulus, de dimensions considérables et d'une régularité parfaite, à proximité duquel nous passons. J'en demande le nom, et je reçois la réponse suivante : Tell-Abou-'s-Salaït, le tertre père des écorchures. Singulier nom !

Il était environ quatre heures lorsque nous sommes arrivés à nos tentes, que nous avons trouvées dressées. Toute la population de Riha est en fête. On célèbre une noce, et nous assistons à la fantasia qu'exécutent les hommes, jeunes et vieux, en l'honneur de la mariée. Le fiancé, revêtu de ses plus beaux habits, est à leur tête. Tout ce monde est à cheval et se dispute au galop une espèce de mannequin accoutré de nippes de femmes, représentant la future épouse. Jusqu'à la tombée du jour, cette course, passablement grotesque, a fort réjoui les assistants. Devant nos tentes est une sorte de terrasse sur laquelle est planté un bâton orné d'une guenille; c'est là que se tient un groupe de femmes tatouées, couvertes de simples guinées ou chemises de grosses toile bleue, et d'enfants absolument nus. Tout ce petit monde-là salue de salves de leur cri guttural habituel, lou, lou, lou, lou, le passage du fiancé et de ceux qui s'efforcent de lui enlever le mannequin, qu'il défend contre tous. Ce sont des passes qui s'exécutent avec une rapidité forcenée, et si les acteurs et les spectateurs s'amusent, les pauvres chevaux, qui sont en nage, doivent prendre à la chose un plaisir beaucoup moindre. Le plus enragé des jouteurs est un vieux bonhomme, qui a certainement dépassé la soixantaine, et qui n'en paraît pas moins infatigable. J'ai bien vite assez de ce spectacle, plus grotesque que divertissant, et, avec Louis, nous allons à la chasse aux insectes dans les alentours de notre camp. Je recommande les haies et les buissons de Jéricho à ceux qui aiment les épines ; on ne sait plus comment se dépêtrer dès qu'on est pris par elles, et cela arrive à chaque pas que l'on fait. Tous ces buissons, formés d'arbustes assez élevés, entourent des champs cultivés, dans lesquels, à cette époque de l'année, il n'y a plus rien que des chaumes grillés et des herbes épineuses. Il semble que, sur ce terrain, un végétal n'a pas le droit de vivre s'il n'est hérissé de pointes comme un porc-épic. Un petit ruisseau boueux, qui vient on ne sait d'où, ou, pour parler plus exactement, qui est une dérivation de la fontaine d'Élysée, coule à droite de notre camp. Partout sur le terrain on ramasse de gros cubes de mosaïque, seuls indices de la Jéricho d'Hérode et du moyen âge. Le Bordj, qui domine le misérable hameau qui s'appelle aujourd'hui Jéricho, est tout ce qui reste d'une ville splendide. Où les pierres ont-elles passé ? C'est ce qu'il serait difficile de dire. Robinson a trouvé par là un unique débris de colonne en granit rose, mais je ne l'ai pas aperçu.

Après notre dîner, nous avons eu le spectacle d'une danse aux flambeaux, que sont venues exécuter, en mon honneur, ou plutôt en l'honneur de ma bourse, les belles dames de la noce. C'est toujours la même danse chantée, où les coryphées se démènent comme des possédés devant un rang de femmes serrées les unes contre les autres et frappant la mesure dans leurs mains, en psalmodiant un refrain qui ne varie pas, et en s'inclinant et se redressant toutes à la fois et en mesure. En un mot, c'est un véritable divertissement de sauvages, et je doute que les Kanaks de la Nouvelle-Zélande aient rien inventé de plus étrange. Une cinquantaine de piastres données au premier sujet m'ont valu des louanges très-hyperboliques chantées par le corps de ballet; puis, comme Scharir s'est mêlé à la danse, les hommes ont pris la place des femmes, et la chose est devenue beaucoup moins amusante. Cette fois, c'est Scharir qui est le danseur, et ce sont mes amis les Adouân, leur vieux cheikh Abd-el-Aziz en tête, qui forment le chœur. Quant à Qablan, qui est la dignité en personne, il se contente de regarder tout cela avec un calme que j'admire. Nous étions pressés de nous reposer; j'ai donné une nouvelle pièce de dix francs, et tout autour de nous est rentré dans le calme. Suivant leur habitude, nos Arabes Adouân et ceux d'Aboudis se sont établis autour des feux placés à proximité de nos tentes. C'est là, qu'enveloppés dans leur habaya, ils vont passer la nuit.

7 novembre.

Avant quatre heures du matin, l'abbé, Louis et moi nous étions debout et nous réveillions nos autres compagnons de voyage, afin d'être en mesure de partir de très-bonne heure; ceux-ci ont bien un peu maugréé contre mon humeur matinale, mais enfin ils se sont décidés, et ils ont bien fait, car ils ont pu jouir d'un lever du soleil comme nous n'en voyons guère dans nos climats septentrionaux. Au moment où nous sommes sortis de nos tentes, il n'y avait pour nous éclairer que la lumière des étoiles; mais celle-ci a vraiment le droit de s'appeler lumière. Au loin, tout était calme, on n'entendait pas un bruit qui vînt troubler le majestueux silence de la nuit. Autour de nous, au contraire, tout était en mouvement. Les moukres pansaient leurs bêtes ; notre cuisinier préparait le repas que nous devions prendre avant de monter à cheval; les Arabes s'étiraient, chacun de son côté, et le cheikh Abd-el-Aziz faisait ses ablutions, afin de se préparer à la prière de l'aube.

Antoun et son frère couraient en tous sens pour donner à chacun de nous ce dont il avait besoin pour sa toilette. Une mésaventure qui, heureusement, ne fut que grotesque, vint jeter un moment le trouble parmi les hommes de notre escorte. Un de nos Arabes d'Aboudis avait quitté ses bottes pour s'étendre plus à l'aise et dormir à côté de son feu de bivac. Lorsqu'il voulut rentrer dans ses chaussures, la place était prise. Un serpent s'y était traîtreusement faufilé, et le propriétaire, en sentant frétiller sous la pointe de son pied l'animal qu'il venait ainsi déranger dans son sommeil, poussa un cri de brûlé et rejeta le plus vite et le plus loin qu'il put le contenant et le contenu. La bête n'eut pas le temps de mordre l'homme, et l'homme se hâta de tuer la bête. C'était une très-vilaine vipère, dont la piqûre eût véritablement mis sa vie en danger. Les vipères sont fort communes sur les rives du Jourdain, et il est toujours prudent d'y prendre garde.

Cependant, voici que le ciel s'argente doucement au-dessus des montagnes dans lesquelles nous allons entrer aujourd'hui ; puis la teinte lumineuse prend peu à peu une intensité telle, qu'elle envahit l'horizon, et, après quelques minutes consacrées à la contemplation de ce splendide spectacle, nous voyons apparaître le disque du soleil, qui se dégage bientôt tout entier. A l'instant même la fraîcheur disparaît, et l'on sent déjà poindre l'atroce chaleur qui, de la plaine de Jéricho, fait un enfer pendant dix mois de l'année; heureusement nous sommes dans un des deux mois où il est possible d'y respirer autre chose que du feu.

Nous nous sommes dépêchés de déjeuner, de prendre le café et de fumer notre tchibouk, pendant qu'on repliait nos tentes et qu'on chargeait tous nos bagages sur le dos des mulets. Avant six heures et demie, nous étions partis. La plaine que l'on traverse est absolument sans ondulations, et simplement couverte de petites touffes de broussailles. C'est à peine si, de loin en loin, on aperçoit une pierre. Au bout d'une heure, on atteint une zone de terrain profondément raviné, et où des mamelons de craie grisâtre pulvérulente se succèdent, en affectant parfois les formes les plus bizarres. On chemine entre ces mamelons, qui n'ont d'abord que quelques mètres de hauteur, mais qui vont constamment en s'élevant, à mesure qu'on se rapproche du Jourdain. Puis, tout à coup, en débouchant d'une de ces ravines tourmentées, on se trouve en face d'une belle muraille de verdure que traversent quelques sentiers tortueux; une fois engagé dans ceux-ci, il faut à chaque pas faire attention aux pieds de son cheval, aussi bien qu'à sa propre tête, car on chemine dans une véritable forêt vierge, où les arbres vivent et meurent à la grâce de Dieu. D'énormes peupliers chargés de trois espèces de feuilles qu'on croirait appartenir à trois arbres tout à fait différents, des tamariscs aux troncs tordus dans tous les sens, s'entrecroisent et se disputent la place, reliés entre eux par des lianes qui les enlacent étroitement. C'est un fourré inextricable et dont la vue est délicieuse, mais dont le parcours est fort difficile. Puis, tout à coup, on arrive en face du Jourdain, dont les eaux jaunes courent avec une grande vitesse. Sur l'autre rive, la forêt recommence; elle a l'air de s'étendre à une profondeur immense, et pourtant, de ce côté, comme de celui sur lequel nous nous trouvons, c'est une simple lisière qui n'a guère plus de deux cents mètres de largeur. C'est ici qu'est le fameux gué du Jourdain, la Makhâdet-el-Rhôranieh, ce qui veut dire « le gué du Rhôr. A peine sommes-nous arrivés en cet endroit charmant, qu'un groupe d'Adouân se hâte de se dépouiller de tous ses vêtements, en poussant des cris de joie, et se précipite, celui-ci à la bride de mon cheval, ceux-là aux flancs, pour me soutenir pendant le passage. Je n'ai pas eu le temps de réfléchir, pour décider s'il faut ou non quitter mes chaussures, que je chemine déjà à travers le fleuve. Rien de plus étrange que le vertige inévitable dont on se sent pris au milieu du courant. On se figure qu'on est entraîné avec la rapidité d'une flèche, tandis que c'est l'eau seule qui court, et qu'on en coupe le fil en appuyant toujours vers l'amont. Bien que le passage soit très-praticable, je n'en prends pas moins un riche bain de pieds qui me rafraîchit un peu plus que de raison. Mais il fait déjà une chaleur diabolique, quoiqu'il ne soit que sept heures et demie, et l'eau dont mes jambes se sont imbibées ne tarde pas à se sécher. On m'a fait passer le premier sur la rive gauche ; à tout seigneur tout honneur ! Une fois en terrain sec, je mets pied à terre, et, comme je ne veux quitter la place que lorsque nos bagages, que nous avons laissés en arrière, nous auront rejoints, je me mets à parcourir dans tous les sens le merveilleux fourré qui borde cette rive, comme il bordait l'autre. Malheureusement les moustiques y abondent, et les puces aussi. D'où diable celles-ci sortent-elles ? Je ne vois d'autre explication de leur multitude que la nécessité où sont les Arabes, qui journellement passent ce gué, de se dévêtir avant d'entrer à l'eau. Ils secouent leurs nippes, dont les habitants déménagent forcément, au profit des nouveaux venus.

La rive gauche n'est pas escarpée comme celle de droite ; elle présente une petite plage doucement inclinée et formée de gros galets. Ceux de ces galets, qui sont à moitié plongés dans l'eau, sont recouverts de jolies coquilles qui ne vivent que dans le Jourdain.

Enfin, nos bagages arrivent; les Adouân s'élancent au-devant d'eux, et, en moins de vingt minutes, tout a franchi le fleuve, sans le moindre accident. Il est vrai que j'ai bien choisi le moment, et qu'à cette époque de l'année il n'y a pas grand'chose à craindre. Un mois plus tôt, on aurait péri de chaleur; un mois plus tard, la rivière sera infranchissable. C'est ici que mon brave ami, le cheikh Hamdam, s'est noyé il y a quelques années. Il voulut traverser la rivière au moment où une crue subite, due à quelque violent orage, commençait à se manifester. Un tronc d'arbre, entraîné par le courant, prit cheval et cavalier par le travers; ils furent culbutés en un clin d'œil et si bien roulés vers la mer Morte, que l'on n'a jamais revu ni l'homme ni sa monture. Ordinairement, lorsque les Arabes sont forcés de franchir le Jourdain en pareille conjoncture, un des leurs va se poster à quelques cents pas en amont, pour épier le courant. S'il ne donne pas de signal, on se risque et on passe comme on peut; s'il voit venir un arbre au fil de l'eau, il tire un coup de fusil, et l'on se gare.

Nous avons employé moins d'une heure à

nous transporter sur la rive arabique, gens, bêtes et choses ; et maintenant, en route !

La même différence que j'ai signalée tout à l'heure entre les deux rives proprement dites du Jourdain, à la Makhâdet-el-Rhôranieh, existe également entre les deux zones de terrain accidenté et couvert qui, de part et d'autre, avoisinent le lit de la rivière. Ceci revient à dire que la lisière de forêt vierge plantée sur la rive gauche est plus étroite, et qu'une fois qu'on en est sorti, on entre presque aussitôt dans la plaine ; de ce côté, plus de monticules de craie grise, absolument nus, comme vers Jéricho. Il y a bien encore quelques mouvements de terrain, mais ils sont couverts de végétation, plantés de bouquets d'arbrisseaux serrés les uns contre les autres, et cela sur une largeur de trois à quatre cents mètres au plus; ensuite de quoi on chemine en terrain parfaitement plat jusqu'au pied des premiers contreforts de la chaîne des montagnes dont le pâté constitue l'Ammonitide. La vaste plaine qui s'étend devant nous est un vrai pâturage où paissent des bandes nombreuses de chameaux, appartenant aux Adouân ou aux Beni-Sakhar, dont un campement se déploie en une grande ligne noire qui tranche sur la verdure du pâturage. Des doums, petits arbres hérissés d'épines, et des ôchers, couverts à la fois de fleurs et de fruits, croissent au hasard et gênent fréquemment le voyageur. C'est ainsi qu'en passant sous un doum, la kafieh qui recouvrait mon feutre gris s'y est si bien accrochée, que je me suis vu décoiffé en un tour de main. J'ai eu toutes les peines du monde à rentrer en possession de mon couvre-chef que le diable d'arbre ne voulait plus lâcher. Si c'est par un doum qu'Absalon s'est fait prendre aux cheveux, je comprends parfaitement qu'il n'ait eu aucune chance de se dépêtrer assez vite pour esquiver la lance de celui qui le poursuivait. C'est un peu vaniteux, j'en conviens, de se comparer à Absalon, mais mon aventure, passablement ridicule, m'a naturellement fait penser à la scène tragique qui a eu pour théâtre ce côté du Jourdain.

Après une heure et demie de marche, nous avons traversé un joli petit ruisseau, et nous nous sommes consultés pour savoir si nous ferions sur ses bords la halte du déjeuner. Comme nous devions rencontrer de nouveau ce même ruisseau à un peu moins d'une lieue, nous avons pris le parti sage de continuer notre marche ; la matinée était peu avancée, il était neuf heures et demie à peine, et il y avait trop loin de là à Aaraq-el-Émyr, où nous allions camper. A cette heure matinale, le thermomètre marquait déjà 31° ; que serait-ce donc à midi !

Après deux bonnes heures de marche depuis

le gué du Jourdain, nous avons enfin atteint le point désigné d'avance pour la halte. Ce point s'appelle Naslah. Il est parfaitement choisi ; nous sommes au bord d'une eau courante délicieuse à boire, entre une colline couverte de ruines assez considérables qui ont probablement appartenu à une forteresse antique et un fourré très-épais de la verdure la plus réjouissante. Des tapis sont étendus à l'ombre d'un doum énorme, et nous nous installons le plus agréablement du monde. Tout en mangeant des œufs durs et une aile de poulet étique, j'examine du coin de l'œil les ruines au pied desquelles je me trouve. Il y a là des restes évidents d'un acqueduc bâti de grosses pierres, et dans les flancs de la colline s'ouvrent des grottes qui ont assez l'apparence de caves sépulcrales. C'est ce monticule couvert de ruines qui porte spécialement le nom de Naslah, sommet de la tête, qu'il doit probablement à sa forme.

Nous aurions volontiers passé là deux heures, comme hier au Khan-el-Ahmar, mais Qablan nous presse de repartir; avant midi nous étions à cheval. La route que nous suivons entre dans la montagne, et sans être bien mauvaise, elle n'est pas toujours commode; après deux heures de marche, nous descendons au fond d'une vallée délicieuse, qui nous invite à faire une halte assez longue. Un cours d'eau très-abondant et très-limpide y roule entre des rochers, sous l'ombrage le plus frais et le plus charmant qu'il soit possible d'imaginer. De gigantesques lauriers roses et des sycomores garnissent les deux bords du ruisseau, où un groupe de femmes et de petites filles est occupé à remplir des outres pour la provision du campement auquel elles appartiennent. Comme nous sommes accompagnés de Qablan et d'Abd-el-Aziz, cheiks de leur tribu, elles continuent tranquillement leur besogne, sans avoir l'air de faire attention à nous.

Quelques ânes attendent, en broutant, qu'on les charge des outres pleines. Celles-ci ne sont que des peaux de veau ou de mouton, tannées avec soin (c'est à Hébron principalement qu'on les fabrique), et qui ont conservé le cou et les tronçons des quatre pattes. Les mères remplissent d'eau ces étranges récipients, et les enfants, dès qu'elles sont remplies, s'attellent aux outres, qui sont d'un poids considérable, pour les hisser sur la berge escarpée. En regardant ces pauvres petites créatures s'ingénier, comme le font des fourmis qui traînent une brindille trois fois plus grosse et plus lourde qu'elles, afin d'atteindre le haut de la rive, je ne pus retenir les larmes qui me vinrent aux yeux. Je pensai malgré moi à la chère enfant que j'avais laissée si loin, au cœur de la France. Heureusement, mes compagnons, plus endormis qu'éveillés par l'action du soleil sous les rayons duquel nous cheminions depuis quelques heures, ne s'aperçurent pas de l'émotion involontaire qui m'avait saisi, et que je tenais fort à dissimuler. Je pris alors une petite pièce d'argent, et j'appelai l'enfant dont la vue m'avait impressionné, pour la lui donner. Je ne sais ce que pensa la pauvre petite, mais elle eut un accès de terreur, et se mit à crier comme si on l'écorchait vive. Il n'y eut pas jusqu'à la mère qui ne conçut l'heureuse idée de se courroucer de ma tentative. Qablan, qui ne dormait pas, se mit alors à la rabrouer de la belle façon; la pièce d'argent fut aussitôt acceptée, et il n'en fut plus question.

Les femmes des Adouân ont toutes le menton et la lèvre inférieure tatoués en bleu de la manière la plus disgracieuse; c'est affreux à voir. Ce qui l'est moins, c'est un tatouage réticulé qui couvre tout le pied et le bas de la jambe jusqu'au-dessus de la cheville. On dirait des bas à jours. On le voit, chez les Adouân, comme chez tous les autres Bédouins, la femme est une vraie bête de somme, à qui les gros ouvrages sont exclusivement réservés. Dès son plus jeune âge, il faut qu'elle se mette à remplir son triste rôle. Par ma foi, ce n'est pas chez les Bédouins qu'il faut aller étudier la galanterie. Beaucoup d'hommes, parmi les Adouân, surtout les jeunes, ont de chaque côté du front une longue mèche de cheveux tressés, tordue à plat comme les cornes de Jupiter Ammon. Y aurait-il quelque liaison entre cette mode, conservée par les Adouân, successeurs des Ammonites, et le nom donné par les Grecs au Jupiter cornu? Je laisse à d'autres le soin de le décider.

Quand on est en voyage, et qu'on n'a pas atteint le but de l'étape, il n'y a pas de si joli endroit qu'il ne faille se décider à quitter. Nous remontons donc à cheval, et nous grimpons, nous grimpons, nous grimpons toujours, jusqu'à ce que, arrivés au sommet d'une dernière crête, nous voyons enfin s'ouvrir devant nous la vallée, en forme d'amphithéâtre, d'Aaraq-el-Emyr. Au fond s'élève un double étage de roches à pic, dans lesquelles on aperçoit de loin quelques entrées de cavernes. Au-dessus, la montagne, d'ailleurs assez basse, est verdoyante et plantée d'arbres. A droite et à gauche s'élèvent deux flancs bien verts, garnis aussi, par-ci par-là, d'assez beaux arbres qui, de loin, ont la tournure de chênes. En avant des roches qui ont donné leur nom à la localité, s'étale une large esplanade que couvrent à droite des ruines assez étendues, et à gauche les tentes déjà dressées de notre petit camp; un ressaut assez considérable, garni de revêtements de grosses pierres, relie le plateau supérieur à une autre esplanade moins large qui, par un second ressaut, arrive au niveau d'un grand édifice en ruines. Un vaste enfoncement entoure, de trois côtés seulement, la plate-forme dont le centre est occupé par cette ruine. Que l'on se figure l'enfoncement rempli d'eau, et la ruine sera sur une sorte de presqu'île, reliée à la terre ferme par un isthme assez large. En beaucoup de points, la dépression de terrain qui contourne la ruine a des talus extérieurs, garnis de revêtements formés de blocs énormes. Voilà ce que je vois tout d'abord; voilà le curieux monument découvert par Irby et Mangles, en 1818, retrouvé il y a un an par mes deux amis, messieurs Waddington et de Vogüé, et dont l'étude à faire n'est pas entrée pour peu de chose dans ma détermination de retourner en terre sainte. Évidemment, nous allons avoir de la besogne ici.

Après avoir fait un temps d'arrêt de quelques minutes au haut de la montagne, afin de prendre un aperçu général du site, nous nous hâtons de gagner nos tentes, où nous mettons pied à terre avec un vrai bonheur. Dix minutes après, nous avions bu une limonade, pris une tasse de café et allumé un cigare; ensuite de quoi nous courions au plus vite à la ruine.

Un chemin, ou plutôt une jetée de pierres

que le temps a concrétées et reliées d'une façon complète, nous y conduit. Ce qui nous frappe tout d'abord, ce sont de gros blocs irréguliers, plantés deux à deux sur le sommet de cette jetée et percés d'un large trou rond. Ces blocs sont ainsi disposés par couples, séparés les uns des autres par une distance assez grande pour que l'on ne puisse admettre, comme on est à première vue disposé à le faire, que les trous dont ils sont percés ont été destinés à recevoir des pièces de bois, formant barrière à droite et à gauche du chemin ; cela se retrouve sur une étendue de quelques centaines de mètres. Enfin, nous arrivons à la ruine, et à sa vue, je le déclare, nous sommes stupéfiés des immenses dimensions de ces blocs, en hauteur et en largeur s'entend, car leur épaisseur est médiocre. Les murs latéraux étaient couronnés par une frise représentant des animaux sculptés en bas-relief et qui ressemblent fort à des lions.

L'édifice affecte la forme d'un grand parallélogramme, dans les longues faces duquel étaient percées plusieurs baies assez larges. A l'intérieur sont accumulés des blocs beaucoup plus petits, d'une toute autre apparence comme couleur, car les blocs de l'édifice primitif ont une patine noire, sur laquelle tranche vivement le ton gris des petits blocs de l'intérieur. Évidemment, il y a eu là deux constructions successives, dont les restes sont bien distincts et ne peuvent en aucune façon appartenir à la même main ni à la même époque. La plus ancienne est un temple, orienté du nord au sud, d'une haute antiquité; la plus récente est tout ce que l'on voudra.

Cette première inspection me ravit, et je regagne ma tente, enchanté d'être venu en ce lieu. Certes, il méritait à lui seul le voyage.

L'obscurité arrive rapidement dans ce fond de vallée, et il faisait nuit, ou peu s'en faut, quand nous avons atteint notre camp. Je me sens terriblement fatigué, car la journée a été dure, grâce à la chaleur dont nous avons souffert; aussi, dès que notre dîner a été fini, je me suis couché. A demain le travail.

8 novembre.

Ce matin, au point du jour, j'étais debout, débarrassé de la fatigue de la veille, mais me ressentant encore un peu de l'indisposition qui m'avait retenu plusieurs jours à Jérusalem. J'ai commencé ma journée par l'escalade des deux étages de rochers dans lesquels sont percés les souterrains dont j'avais aperçu de loin les portes. Ces souterrains sont des plus intéressants. L'un d'entre eux est une véritable écurie; c'est le plus profond de tous, et il n'a pourtant pas trente mètres de longueur. Un autre est formé d'un système de petites pièces juxtaposées et à des niveaux différents. A droite de deux des baies ouvertes dans la paroi du rocher, se voit, profondément gravée, une inscription sémitique de cinq lettres seulement, hautes de trente centimètres environ.

Ce mot, je le lis *Araqiah;* le lieu aura peut-être été, à un moment donné, désigné par le nom d'*Aaraq-Iah*, « la roche de Jéhovah. »

Des différents souterrains ouverts dans ce rideau de rochers, plusieurs servent encore aujourd'hui d'habitations à quelques familles chrétiennes de Salt, qui sont venues s'y établir avec leurs bestiaux, et qui y vivent en bonne intelligence avec les Adouân, maîtres du pays.

Lorsqu'on suit l'espèce de corniche sur laquelle ils ouvrent, on reconnaît que la jetée de pierres conduisant au temple partait de là. Vers cette extrémité se voit une grande roche, que le tremblement de terre a déracinée et qui est aujourd'hui fortement inclinée sur sa base. Cette roche a sa surface percée de rangées régulières de trous, trop peu profonds pour avoir servi à loger des nids de pigeons, et dont je sais maintenant la destination, grâce à l'étude d'un monument des plus illustres, et dont j'aurai longuement à parler plus tard. Ces trous étaient taillés pour recevoir des lampes, à l'époque de certaines solennités pendant lesquelles le lieu, considéré comme un sanctuaire, était illuminé. Nous verrons ailleurs que cet usage ne s'est pas perdu en terre sainte.

Après avoir lu et relu ce que l'historien Josèphe raconte de ces monuments, j'ai été rejoindre mes amis, qui étaient tous à la besogne. Gélis avait commencé au point du jour le lever et le nivellement de la vallée; Mauss travaillait au temple; l'abbé courait, herborisait et furetait dans les ruines, où il découvrait la tête et la crinière d'un lion colossal. Louis enfin était à la chasse aux perdrix et aux coléoptères. Mon inspection faite, je suis allé rejoindre Mauss au temple. Il dessinait l'angle sud-est à la chambre claire; pour ne pas perdre mon temps, j'ai été me poster à une trentaine de pas de lui, afin de prendre un croquis de la porte monumentale. Je travaillais de bon cœur, lorsqu'un grognement formidable se fit entendre près de nous. Mauss et moi nous relevâmes lestement la tête à ce bruit inattendu, qui se prolongeait indéfiniment. Notre première pensée fut qu'il y avait un chameau de mauvaise humeur dans notre voisinage. Je le cherchai des yeux. Il n'y avait pas plus de chameau que sur la main. Diable ! cela devenait sérieux. J'étais entouré de buissons de doum, et il était clair que dans l'un d'eux était cachée une panthère. J'avouerai humblement que ce voisinage ne faisait nullement mon affaire. Je saisis au plus vite mon revolver, avec lequel toutefois j'aurais fait piètre figure en cas d'attaque, et je rejoignis immédiatement mon ami Mauss. Il était aussi préoccupé que moi.

« — Voilà une vilaine musique, me dit-il. Qui diantre peut grogner de cette façon-là ?

— Eh ! parbleu ! une panthère.

— Bigre ! elle devrait bien s'en aller ! »

J'étais parfaitement du même avis, je l'avoue sans honte. Notre vœu fut exaucé, le grognement s'éloigna peu à peu, et au bout de quelques minutes tout rentra dans le silence accoutumé. Survint Botros, qui, de son côté, avait entendu la chose, et qui était bien vite venu vers nous avec son fusil. Lui et moi, nous battîmes les buissons, mais il n'y avait plus personne. Aujourd'hui, je suis d'avis que nous avons fait une sottise. Puisque la vilaine bête s'éloignait, le meilleur parti que nous eussions à prendre était de la laisser faire.

Après cette alerte, je suis revenu à mon poste, et j'ai terminé mon croquis sans plus être inquiété. A la tombée du jour, nous rentrions tous au camp, chacun de notre côté.

Nos moukres ont recruté un nouvel hôte ; ils ont pris un magnifique caméléon et l'ont accroché à la hampe du drapeau tricolore qui flotte au-dessus de ma tente. La pauvre bête a l'air bien inquiet et bien contrarié de se trouver à pareille fête. Louis a ramassé quelques belles perdrix, quelques rares insectes ; mais il a eu aussi ses petites mésaventures, dont l'une aurait pu devenir fort désagréable pour lui. Pendant qu'il retournait des pierres au bord du Nahr-Syr, une grosse bête noire lui est à l'improviste tombée sur le dos et a failli le culbuter. C'était un superbe sanglier, qui allait boire sans doute. Lequel des deux a eu le plus peur ? je ne sais ; toujours est-il que l'homme a trouvé la rencontre fort désobligeante et s'est promis de ne plus aller au bois. Et cependant, ce n'était là qu'une plaisanterie, en comparaison de l'autre scène, dans laquelle il a joué un rôle. Il était à peine remis de son émotion qu'il voit descendre, en rampant à travers les broussailles, ce qu'il appelle un chat énorme, un chat comme il n'en a jamais vu. Un des canons de son fusil étant chargé de chevrotines, il s'empresse de les adresser au chat; celui-ci bondit et retombe en faisant d'affreuses grimaces; il avait deux attes cassées ! Louis de courir dessus. L'ani-al, laissant derrière lui une grosse traînée e sang, se faufile jusqu'à un trou placé au-essous d'une roche et s'y blottit. Mon Louis magine alors de l'y taquiner du bout de son rme pour le décider à ressortir, mais il n'en ient pas à bout, et de guerre lasse il s'é-oigne. J'ai quelque idée que c'était la progé-iture de la panthère qui est venue faire une isite à Mauss et à moi. A ce moment de l'an-ée, la panthère a mis bas depuis trois ou uatre semaines. Je dirai plus loin comment 'en ai eu la preuve. Si je ne me suis pas rompé, il est heureux pour le chasseur que a mère ait été en promenade, au moment où elui-ci faisait son beau coup de fusil.

9 novembre.

Ce matin, avant le lever du soleil, tout le onde était au travail; la besogne marche ondement, et ce soir nous aurons fini de rendre toutes les notes dont nous avons be-oin.

Hier, dans la journée, j'avais trouvé au temple un charmant chapiteau, appartenant à une des colonnes doubles de la galerie supérieure. J'avais le plus grand désir de l'emporter avec moi; mais il tenait à un gros cube de pierre, terminé de l'autre côté par une seconde demi-colonne à chapiteau différent. Impossible d'emporter ce bloc, à cause de son poids. Il fallait donc s'ingénier pour détacher mon bienheureux chapiteau. Comment m'y prendre? Je fais appeler Qablan; je lui montre la pierre que je convoite, et il me dit qu'il n'y a qu'un seul moyen d'en venir à bout : c'est d'envoyer un de ses hommes à Salt, chercher un moâllem ou tailleur de pierres. Aussitôt dit, aussitôt fait. Abou'l-Aïd, son beau-frère, grand garçon toujours riant, toujours prêt à tout, et que nous avions pris en affection depuis le gué du Jourdain, Abou'l-Aïd enfourche son cheval, prend sa lance, et file sur Salt, en chantant à tue-tête le chant de guerre de sa tribu. Nous n'avons cessé de l'entendre que lorsqu'il a eu franchi la montagne qui couvre, au nord, Aaraq-el-Emyr. Il avait une étape à faire pour arriver à Salt, quatre heures de marche au moins. Ce matin, avant neuf heures, nous avons entendu le chant d'Abou'l-Aïd, qui arrivait au sommet de la même montagne, portant un homme en croupe. C'était le moâllem, muni de tous les outils de son métier. Je lui ai d'abord montré le chapiteau, qui, en moins d'un quart-d'heure, a été détaché de son frère ; puis j'ai voulu faire subir la même opération à une base à cannelures, partant de l'aisselle de feuilles d'acanthe. Cette fois, malheureusement, la pierre avait des fils, et la pauvre base s'est débitée d'elle-même en trois ou quatre morceaux. Mais comme les morceaux en étaient bons, je les ai mis en réserve.

Mon tailleur de pierres avait pensé m'exploiter d'importance en me demandant vingt francs pour son travail ; après m'être fortement récrié pour la forme et pour la bonne règle, j'ai donné les vingt francs requis, et je déclare que tout le monde a été content. Les Adouân, et Qablan tout le premier, m'ont certainement pris pour un idiot, en me voyant sacrifier tant d'argent pour des pierres qui, à leurs yeux, ne valaient pas la peine d'être ramassées.

Ce n'était pas tout; il fallait faire voyager mon butin, et j'ai pensé qu'il était beaucoup plus sage de l'envoyer à Riha à dos de chameau, et de le consigner jusqu'à mon retour entre les mains de l'agha du Bordj. Mais il en est des transports à dos de chameau comme des civets de lièvre; il fallait un chameau, et il n'y avait pas près de nous le moindre quadrupède de cette espèce. Cette fois, c'est le cheikh Abd-el-Aziz en personne qui s'est chargé de me procurer la bête demandée. Il s'est rendu au campement des Adouân le plus proche, et dans l'après - midi il est arrivé deux hommes conduisant l'animal; après avoir vu ce dont il s'agissait, tous les trois s'en sont allés, me laissant dans l'embarras et dans une colère rouge. Heureusement, en ce pays, la corvée qui déplaît à l'un peut plaire à l'autre; et il n'y avait pas une demi-heure qu'ils avaient quitté la place, que j'ai vu poindre au haut de la montagne deux autres hommes et un nouveau chameau. Il a fallu, avec ceux-ci, recommencer à débattre le prix du transport, et après d'amples pourparlers, nous sommes convenus de trente francs. Cette fois, je comprenais bien que j'étais volé de cinquante pour cent. Mais il n'y avait pas à reculer, et j'ai consenti. Là-dessus, le chameau a reçu le commandement habituel de se mettre ventre à terre, et on a commencé le chargement. Je n'ai jamais rien vu ni entendu de plus plaisant que les plaintes de la pauvre bête, à chaque pierre qu'elle voyait mettre dans le bissac rempli de paille hachée qui fait fonction de bât. Une fois tout emballé, chapiteau, base et patte du lion colossal, j'ai écrit sur ma carte quelques mots à l'agha pour lui dire ce qu'il avait à faire; le chameau s'est relevé, j'ai payé, les hommes sont remontés à cheval, et le tout s'est mis en route à ma grande satisfaction.

Pendant notre déjeuner, le temps s'était couvert; de gros nuages noirs avaient envahi le ciel, le tonnerre avait grondé, et à midi, ni plus ni moins, il pleuvait à torrents, ainsi que nos Arabes nous l'avaient annoncé dès la veille. Ces gens-là sont sorciers. Heureusement c'était un orage. Lorsqu'il a été passé, le vent s'est remis au beau, et, à partir de deux heures, nous avons pu retourner au travail. Voilà deux heures perdues, et qu'il faudra assurément rattraper demain matin. Il était nuit close lorsque nous nous sommes tous retrouvés au camp. Salzmann et Gélis ont fini ce qu'ils avaient à faire, mais Mauss sera forcé de retourner au temple dès le point du jour.

J'ai pu, aussitôt après l'orage, constater à l'aise la rapidité avec laquelle la végétation se développe en ce pays. Toute la surface du terrain est couverte de plants de *cilla*, que l'on voit, pour ainsi dire, sortir de terre et grandir à vue d'œil; ce qui est certain, c'est qu'en faisant attention autour de soi, on voit des plaques de terre se soulever, se fendiller, et livrer passage à de grosses pointes vertes qui se développent rapidement. Deux heures après, toutes les feuilles se sont détachées les unes des autres, et cette végétation formidable continue à monter. C'est véritablement merveilleux.

Après le dîner, je suis allé fumer dans la tente de Salzmann et assister au développement de ses clichés photographiques. Sur quatre, il n'y en a que trois de bons. Mais nous avons plusieurs dessins à la chambre claire, et des croquis cotés en nombre respectable.

Dans la matinée, l'abbé avait fait déterrer et déblayer un superbe bloc appartenant à la frise de la porte monumentale ; puis, à grand renfort de papier mouillé, il avait estampé ce fragment important. Il comptait sur le soleil pour sécher son estampage, mais, hélas ! la pluie d'orage a fait manquer l'opération, et force nous a été d'enlever l'emplâtre dont la pierre était couverte, pour pouvoir la dessiner. Je regrette fort cet estampage, qui nous eût permis de mouler un fragment si curieux. Consolons-nous en pensant que nous en avons un excellent croquis.

Sous un des blocs immenses, qui formaient la face ouest du temple, sont deux ou trois squelettes humains, déposés là depuis peu, sans doute, mais dont je voudrais bien m'approprier les têtes. De Behr les avait attirées à portée de la main ; mais j'avoue que le cœur m'a manqué; il eût été trop difficile de glisser incognito ces têtes dans nos bagages, et si nos Adouân s'étaient aperçus de ce larcin profanateur, nous nous serions fait une assez méchante affaire; j'ai donc, non sans regret, dû renoncer à recueillir ces débris humains, qui eussent certainement été les bienvenus au Muséum d'histoire naturelle.

Nous faisons tous nos préparatifs de départ, afin d'aller demain camper à Amman. Pour ne rien laisser inexploré en ce lieu remarquable, il faudrait y pouvoir pratiquer des fouilles, et y séjourner des mois peut-être. Je souhaite de tout mon cœur que de plus heureux aient quelque jour cette bonne chance.

10 novembre.

Avant le lever du soleil, nous étions tous sur pied, et, après la soupe et le café, Mauss est allé au temple achever de recueillir les mesures dont il avait besoin. De mon côté, je suis allé avec Gélis et Salzmann visiter en détail les ruines qui encombrent toute la partie de l'esplanade supérieure que l'on a à sa gauche, en tournant le dos aux grands rochers percés de souterrains.

Au fond du ravin, que domine cet emplacement de ville, on entend le bruit charmant du Nahr-Syr courant à travers la rocaille.

Il ne me reste plus qu'à noter les noms donnés par les Adouân à quelques parties de ces belles ruines. Le temple se nomme Qasr-el-Aabed, « le palais de l'esclave noir, » et l'étang qui l'avoisine, et qui depuis bien des siècles, sans doute, est complètement à sec, s'appelle Meydan-el-Aabed, « la place à exercer les chevaux de l'esclave noir. » Il y a sur l'Aabed en question toute une histoire que l'on m'a racontée ; mais, comme je n'ai pas écrit cette légende à l'instant même, je préfère n'en pas parler autrement que pour dire qu'elle existe, de peur d'y introduire des détails de fantaisie.

Nous nous sommes mis en route en plein soleil ; nous avons traversé le Nahr-Syr et commencé à escalader le flanc droit de la vallée d'Aaraq-El-Emyr, en nous dirigeant sur Amman. Nous en sommes à une très-petite journée de distance, à ce que me dit Qablan, et la route que nous avons à parcourir est bonne partout. Il n'y a pas un seul passage difficile à franchir.

Le fait est assez rare en ce pays pour que nous ayons le droit de nous en réjouir.

Les arbres disséminés sur les flancs d'Aaraq-el-Emyr sont bien des chênes, ainsi que je l'avais supposé d'en bas ; et le pays a dû être jadis admirablement boisé ! *Quantum mutatus ab illo !*

Après une heure de marche, nous apercevons sur notre gauche une localité ruinée, nommée El-Aremeh. Je ne connais aucun nom ancien que l'on puisse rapprocher de celui-là. Je ne crois pas qu'il y ait dans toute la Syrie méridionale de vallée plus charmante que celle qu'on longe ensuite pendant plus d'une heure, et qui s'appelle Ouad-ech-Cheta, « la vallée de la pluie. » C'est aussi vert, aussi frais, aussi riant que le plus délicieux vallon des forêts de Compiègne ou de Fontainebleau. Au fond, un joli ruisseau coule à travers les roches, sous l'ombrage de chênes séculaires. A droite, le flanc de la vallée se relève rapidement. A partir de la berge même du ruisseau, à gauche, s'étend le tapis moelleux de prairies argentées par la rosée que le soleil n'a pas encore eu le temps d'absorber. Des myriades d'oiseaux chantent de tous les côtés, et des volées de geais s'ébattent devant nous, sans faire entendre l'ignoble cri de nos geais d'Europe. Je n'ai jamais rien vu de plus enchanteur, et nous sommes tous ravis..

Deux heures après avoir quitté Aaraq-el-Emyr, nous étions en vue d'une ruine assez étendue, placée au sommet d'une colline, dominant à gauche le chemin que nous suivions. Elle est connue des Adouân sous le nom de Kharbet-Sâr.

A quelques centaines de pas plus loin apparaissent, sur les hauteurs de droite, Ed-Demeïn d'abord, puis Tabaka.

A dix minutes de là, nouvelle ruine sur la gauche, nommée Soueïfieh, et un peu plus loin encore, toujours du même côté, Omm-es-Semak. Tous ces noms sont complètement nouveaux pour moi, et n'éveillent dans mon esprit le souvenir d'aucune localité antique. Au reste, l'Écriture nous donne si peu de renseignements sur les villes qui existèrent dans l'Ammonitide, que nous ne devons pas être étonnés de rencontrer force ruines dont l'identification est et restera toujours impossible.

Nous avons franchi le fond des vallées, et nous abordons enfin le haut plateau du pays d'Ammon. De tous les côtés, nous apercevons des laboureurs ou des pâtres, avec lesquels Qablan va, de temps en temps, faire un bout de conversation. Tout ce monde-là, du reste, n'a pas l'air de faire la moindre attention à nous, et continue sa besogne le plus pacifiquement du monde. Dès que nous avons atteint le haut pays, nos Arabes s'en donnent à cœur joie, et la fantasia commence. De notre côté, la satisfaction nous fait chanter, et nous entonnons en chœur la *Marseillaise*, au grand ébahissement de notre escorte, qui, j'en réponds, n'a jamais entendu ce chant en pareil lieu. N'est-il pas original, en effet, de penser que des Français sont venus si loin pour brailler la *Marseillaise*?

La plaine est véritablement splendide et doit être d'une fertilité remarquable. Au loin, nous apercevons devant nous et un peu à gauche une masse imposante de ruines; c'est le Qalâat-Amman, au pied duquel nous allons camper. Une large jetée de pierres traverse la plaine et se dirige vers ce point. Nul doute que ce ne soit une voie antique.

Nous passons à proximité et à gauche d'une ville ruinée, nommée Abdoun, qui paraît avoir eu une importance réelle. Mauss et Gélis piquent des deux et vont traverser les ruines, dont il ne reste que des monceaux de décombres insignifiants; à grand'peine ont-ils pu, au milieu de ces amas de pierres, apercevoir en passant un ou deux tronçons de colonnes grossières, gisant au milieu des débris informes qui encombrent l'assiette d'Abdoun.

Nous marchions au fond de la vallée depuis une vingtaine de minutes, en suivant un petit cours d'eau, lorsqu'au delà d'une sinuosité du coteau, nous avons aperçu une belle source, environnée de restes de constructions évidemment romaines. C'est l'Ayn-Amman, qui, avec le ruisseau dont je viens de parler, forme un petit étang, où quelques femmes puisent de l'eau. Nous y faisons boire nos chevaux et nous passons outre.

Un peu plus loin, le ruisseau, qui est devenu promptement une jolie petite rivière, est coupé par un pont romain, dont trois arches sont encore debout. Bientôt, sur le flanc gauche de la vallée, nous apercevons des tronçons d'un aqueduc et quelques sarcophages disséminés. Puis nous nous trouvons en face du premier monument encore debout de la ville d'Amman. C'est un édifice carré avec pilastres corinthiens aux angles.

A partir de ce monument, des édifices datant de l'époque romaine du Haut-Empire sont accumulés les uns sur les autres. Tous, tant que nous sommes, nous poussons un cri d'admiration. Nous nous trouvons en effet à l'entrée d'une ville romaine entière, qui vient d'être violemment secouée par un tremblement de terre, et dont tous les habitants ont péri dans la catastrophe. Nous traversons toutes les ruines, lançant à droite et à gauche des regards émerveillés, qu'attire à chaque pas une nouvelle découverte. Thermes, basilique, temples, colonnades, théâtres se succèdent sans intervalle sur une étendue d'un quart de lieue. Je n'ai jamais rien vu de plus beau, pour ma part, et tous mes compagnons pensent exactement comme moi. Nous avons traversé la rivière pour aller mettre pied à terre sur la rive droite, devant un théâtre adossé au flanc de la montagne, et d'une conservation miraculeuse. Devant le théâtre, et parallèlement à la scène, subsiste une rangée de huit colonnes encore debout, et supportant leur architrave, malheureusement un peu disloquée.

A notre gauche, nous avons les ruines imposantes d'un *odeum* ou théâtre couvert. Sur la façade extérieure, on aperçoit force trous de crampons, qui ont dû servir à fixer des ornements d'applique, et un encastrement dans lequel était évidemment encadrée une inscription qui a disparu. Des consoles, encore en place, ont dû servir de supports à des bustes. Le toit qui couvrait ce charmant édifice est tombé depuis longtemps, et il est resté à peine quelques gradins du côté droit de la scène. Au-dessus de la porte latérale par laquelle on pénètre aujourd'hui dans cette ruine, on voit un entablement surchargé d'ornements, au milieu desquels paraît la louve allaitant Rémus et Romulus.

A gauche du monument, la rivière fait un coude à angle droit, puis, au pied des escarpements auxquels est adossé le grand théâtre, elle se redresse et court parallèlement à l'axe de la ville. Nos Adouân lui donnent le nom de Yabôk, et ils nous ont affirmé que cette rivière va se jeter dans le Jourdain même. Quoi qu'il en soit, ce Nahr est extrêmement poissonneux, et nos domestiques y ont pêché, à coups de pierres, d'excellentes fritures qui ont agréablement modifié de temps en temps la monotonie de notre menu.

Nos bagages ne sont pas encore arrivés, et nous nous installons, comme à la grand halte de nos étapes ordinaires, pour prendre notre déjeuner sur l'herbe. Pendant que nous nous livrons à cette douce occupation, tout notre monde a gagné le gîte, et nos tentes se sont rapidement dressées en face du théâtre. Après le déjeuner, nous avons procédé à l'escalade du Qalâah. Tout le flanc de la montagne qu'il couronne a été couvert d'habitations, dont il ne reste que des voûtes effondrées, ayant l'air de pénétrer dans la montagne elle-même. Comme il fait une chaleur atroce, et que la montée est rude, je mets bas paletot et redingote, et je grimpe là-haut en bras de chemise. Il était difficile d'être moins prudent, on en conviendra, et je n'ai pas tardé à être puni par où j'avais péché. Nous avons très facilement franchi le Yabôk, à l'aide des gros blocs qui gisent dans son lit, et parmi lesquels se trouve couchée, mais sans tête, une statue de femme assise, en marbre blanc, revêtue de draperies d'assez bon goût. Il va sans dire que les musulmans n'ont pas manqué de la décapiter le premier jour qu'ils l'ont rencontrée.

Enfin, à force de suer et de souffler, j'arrive au pied d'une grande tour et d'un beau pan de muraille qui s'y relie. Là m'attendait une déception. Tout cela est de très basse époque, même de construction arabe. Il est probable qu'après la destruction d'un temple voisin, un des empereurs Byzantins le transforma en église chrétienne, que les sectateurs de l'islamisme auront plus tard renversée.

Un peu à droite se voit une citerne ronde parfaitement conservée. Sur tout le plateau de l'acropole, on rencontre des citernes, et, entr'autres, un réservoir rond de très grande dimension et de construction au moins aussi soignée que celui qui avoisine le temple.

Un monument que les Arabes appellent le Qasr, le palais, est devant nous.

On n'a pas oublié que j'ai eu l'adresse d'escalader le Qalâah d'Amman en manches de chemise. Une fois dans l'intérieur du Qasr, une demi-heure se passe si rapidement à étudier de tous mes yeux les ravissants détails de ce bijou, que tout d'un coup je me sens glacé. Diable! diable! cela ne fait pas mon affaire! Je me hâte de franchir le trou qui sert de porte, espérant que le soleil va promptement me rôtir de plus belle, et je continue ma visite du plateau.

Pendant que je me promène ainsi à travers les ruines, je sens que, malgré sa bonne volonté évidente, le soleil ne me réchauffe pas du tout; les plus courtes sottises me paraissant les meilleures, je me hâte d'envoyer mon ami Abou'l-Aïd, qui m'a accompagné, chercher à ma tente redingote et paletot. En attendant qu'il soit revenu, ce qui doit prendre au moins vingt minutes, je vais m'étendre au soleil, comme un lézard, au-dessous de la grande tour arabe faisant face à la ville basse.

Enfin, j'ai pu rentrer dans mes habits, et je continue mon exploration de l'acropole, revoyant tout ce que j'ai déjà vu une première fois, afin de le bien graver dans mon souvenir. Il était cinq heures du soir quand je suis redescendu au camp, et certes je n'avais plus froid en y arrivant. J'étais en nage, et il a fallu me changer des pieds à la tête. Je me croyais affranchi des suites de mon refroidissement du Qasr; malheureusement il n'en a rien été, car dès le soir j'ai commencé à ressentir les premières atteintes du vilain mal qui s'appelle lumbago.

11 Novembre.

Au point du jour, nous étions tous debout, et après la soupe matinale, que j'ai imposée, en vrai soldat, à tous mes compagnons, chacun a pris sa volée vers le point où il a affaire.

Il faisait un froid très vif, mais le ciel était pur comme d'habitude, et il était bien clair que cette température sibérienne ferait rapidement place à celle du Sénégal, dont nous jouissions journellement.

C'est contre ces alternatives si tranchées que les vêtements de laine sont de la plus indispensable nécessité. Dieu sait ce que deviendrait, en pareil pays, un touriste qui négligerait de se prémunir contre ces réactions continuelles. C'est du moins ce que je persiste à croire, malgré les plaisanteries de de Behr, qui n'a pas un centimètre carré de flanelle sur toute sa personne, qui a l'impertinence de ne s'en porter que mieux, et en outre, de se moquer de mes précautions. Il faut que celui-là soit bâti à chaux et à sable ! Pendant que nous admirions les antiquités d'Amman, de Behr a fait hier une découverte au bord du Yabôk ; il a déniché un superbe plant de cresson, et nous a cueilli la salade la plus réjouissante. Pour sa part, il préfère sa découverte à celle de l'inscription la plus antique du monde. Horreur ! ! ! Vraiment, sa salade était excellente. Mais revenons aux promenades de ce matin ; à chaque jour suffit sa peine. Comme je me sens les reins singulièment raides, je me décide, pour visiter le grand théâtre, à y grimper par l'extérieur ; je gravis donc tout uniment la côte qui commence derrière l'*odeum*, et après avoir passé devant une petite porte romaine sans aucun ornement, placée isolément à gauche du théâtre, j'entre dans celui-ci par le dernier, c'est-à-dire le plus élevé de ses gradins. Je ne connais rien de plus beau, ni de mieux conservé en ce genre. Là-haut, on se sent presque pris de vertige. Une galerie est au niveau de ce dernier gradin, et au centre même de cette galerie, s'ouvre une loge carrée avec fronton, flanquée de deux grandes belles niches. Là était sans doute la loge impériale. Trois zones de gradins dans un état de conservation parfait sont superposées et séparées par des chemins ou galeries, auxquels aboutissent des rampes d'escalier donnant un accès facile à tous les rangs. Tout cela est d'une simplicité qui est loin d'exclure la magnificence, et de tous les points de l'amphithéâtre, ainsi que j'en ai fait l'expérience, on entend à merveille les paroles prononcées, sans trop forcer la voix, à l'endroit où était la scène.

A petite distance du lieu où nous avons établi notre camp, la rivière est dominée de fort près par un banc de rochers, se rattachant à la montagne à laquelle le théâtre est adossé. Sur une étendue de près de trois cents mètres, cette rivière a ses bords revêtus de belles murailles romaines, qui évidemment étaient reliées d'un bord à l'autre par une voûte, dont les amorces paraissent souvent, et dont un beau tronçon d'ailleurs est resté entier. Ceci nous rappelle à première vue le canal Saint-Martin, que l'on a transformé en promenade, établie sur les voûtes qui le recouvrent. L'édilité parisienne n'a droit qu'à un brevet de perfectionnement.

Il est neuf heures et demie; j'ai déjà toutes les peines du monde à marcher à travers les décombres autrement que plié en deux, et je me décide à regagner ma tente, pour y attendre l'heure du déjeuner.

Je fais bonne mine à mauvais jeu, et tout en remerciant mes amis de ce qu'ils ont fait, je les prie en grâce de ne rien négliger, afin de pouvoir continuer le plus vite possible la reconnaissance de l'Ammonitide. Malheureusement le diable n'y perd rien, et à chaque mouvement que je fais, j'éprouve une souffrance intolérable.

Après le déjeuner, chacun est bravement reparti. Moi seul, je ne quitte pas le camp; mais au bout d'une demi-heure, je ne tiens plus en place, et dussé-je rester en chemin, je me mets à courir de nouveau les ruines. Je mets une heure à franchir quelques centaines de mètres; à chaque pas, en effet, je suis obligé de m'arrêter et de me raidir contre l'abominable douleur qui me cloue sur place. Enfin, j'arrive au bord du Yabôk, et je m'y étale pour prendre un bon bain de soleil, en compagnie d'Abou'l-Aïd, qui dort à poings fermés sous son habayah.

A l'heure du dîner, c'est-à-dire lorsque l'obscurité n'a plus permis de travailler, tous mes amis sont rentrés au camp, ravis, mais harassés de leur journée. Gélis a terminé son lever général des ruines. Il a les éléments nécessaires pour dresser un bon plan de la ville haute et de la ville basse.

Quant à l'abbé, il s'est spécialement occupé de la basilique qui se voit à droite des thermes, et qui, d'église chrétienne, est devenue mosquée; entendons-nous : mosquée parfaitement ruinée et dans laquelle sont dressées quelques tentes noires de Bédouins. J'ai fait demander à ceux-ci s'ils avaient par hasard entre les mains des *antikât*, c'est-à-dire des médailles. On m'a apporté un très petit nombre de pièces usées et frottées à dessein, sur lesquelles on ne voit pour ainsi dire plus rien. Triste moisson, qu'on voudrait me faire payer si chèrement que j'aime beaucoup mieux la laisser entre les mains des propriétaires.

12 novembre.

Avant le soleil, nous étions tous debout, c'est-à-dire que mes amis étaient debout;

moi seul, j'étais singulièrement déjeté. J'éprouve bien, je l'avoue, quelque appréhension à la pensée de chevaucher pendant de longues heures, avec les reins que je possède en ce moment; mais à la guerre comme à la guerre ! Quand je m'écouterais et me dorloterais, il n'en serait ni plus ni moins. Je surveille donc tous les préparatifs du départ ; j'assiste à l'emballage et au chargement de toute notre défroque, et à près de neuf heures seulement, je me hisse comme je peux sur ma selle. L'excellent Qablan, Botros et Mohammed ne cessent de m'entourer de petits soins et de me témoigner la plus touchante sollicitude. De mon côté, je fais de mon mieux pour me donner l'air vaillant, et nous partons. Le premier moment a été dur, je le confesse.

Si je suis mal à mon aise, physiquement parlant, j'ai moralement le cœur gros en pensant à tout ce que nous laissons d'inexploré derrière nous, et de parfaitement digne d'une étude approfondie.

Après trois heures de marche, ou peu s'en faut, nous descendons vers une localité ruinée qui semble tout à fait importante, et dont le nom est Na'our. C'est d'elle que me parlaient sans cesse les Adouân, quand je les interrogeais sur M'kaour ou Makhéronte. Il n'y a pas une seconde d'hésitation possible. Makhéronte n'a jamais été là. La descente est assez dure ; à chaque pas douteux que fait mon cheval, je ressens exactement ce que j'éprouverais si l'on m'appliquait un coup de hache à travers les reins. Je suis donc d'assez méchante humeur, et je maugrée comme un païen, jusqu'au moment où j'atteins le point où nous devons mettre pied à terre pour déjeuner.

Nous nous installons, le dos appuyé à des roches peu élevées, et au bord d'un petit ruisseau fangeux que domine au sud un large mamelon couvert de décombres; d'autres ruines informes s'étendent sur la rive droite du ruisseau, et au milieu se montrent quelques cabanes misérables, habitées par des Adouân, dont les femmes puisent de l'eau au ruisseau. Partout le sol présente de gros cubes de mosaïque. Assurément donc, nous sommes sur les ruines d'une ville importante de l'antiquité. Mais laquelle ? Je ne suis pas de force à le décider.

Ce n'était pas le tout d'être arrivé jusques là. Il fallait mettre pied à terre, et j'avoue que cette perspective me souriait médiocrement. Comme il n'y avait pas à tergiverser, j'ai pris mon courage à deux mains, et j'ai exécuté la manœuvre ordinaire. C'est la selle, hélas ! que j'aurais dû prendre à deux mains, car dès que j'ai eu quitté l'étrier du pied gauche, j'ai roulé comme une masse, sans me faire grand mal, fort heureusement; nous étions au bord du ruisseau; le terrain a donc offert un lit assez douillet à ma maladresse, dont je me suis dépêché de rire le premier, tout en grondant quelque peu *in petto*. Mes amis m'ont accordé là une halte d'une heure et demie; j'en avais vraiment grand besoin.

Le soleil déclinait, quand nous nous sommes mis en devoir de continuer notre route vers Hesbân.

Après un peu moins d'une heure de marche, nous avons laissé à notre droite des ruines apparentes, nommées Omm-el-Kennafat, « la mère de la protection, ou des remparts. »

Nous avions devant nous le pâté de collines sur lesquelles sont les ruines d'Hesbân, et comme la plaine, d'ailleurs parfaitement cultivée, n'est presque pas accidentée, le but de notre course de la journée était aussi distinct que nous pouvions le désirer. Mais ce n'est pas Hesbân qui captive nos regards et qui parle le plus haut à notre imagination. Là-bas, à l'orient, bien loin, bien loin, nous apercevons nettement tranchée dans le ciel une chaîne de montagnes bleues. C'est le pâté de l'Arabie proprement dite, le premier rideau de cette merveilleuse Arabie, tout à l'heure inconnue, et que le P. Michel visite en ce moment, s'il est vivant encore. Entre ces montagnes et nous, c'est le désert des nomades; au delà, l'inconnu. Il faut avoir chevauché devant de pareilles immensités pour comprendre la fascination presque irrésistible qu'elles exercent sur le cœur et l'esprit. Ah ! si l'on était seul au monde, comme on se lancerait avec joie dans des pays ainsi faits !

Nous passons devant un grand mamelon couvert des ruines d'El-âl. C'est l'Eléaleh de l'Ecriture; elle conserve trois belles terrasses qui paraissent avoir été plantées de vignobles.

A deux heures et un quart, nous étions arrivés à Hesbân, et notre désappointement a été grand. Nous nous attendions à trouver des ruines comparables à celles d'Amman, et nous n'avons sous les yeux que des amas de décombres informes et, sans aucun doute possible, d'une époque peu reculée.

A peine sommes-nous installés que Salzmann, Gélis, Mauss et l'abbé courent visiter les ruines de la ville, afin de les reconnaître. Bien que j'éprouve un mieux déjà sensible, je ne me sens pas de force à les suivre, et je reste piteusement assis devant ma tente. J'interroge les Arabes qui sont rassemblés par curiosité autour de nous; je leur demande s'ils trouvent des médailles en terre ? — Souvent, me répondent-ils; mais qu'en faire ? nous les rejetons, après les avoir regardées. Tous me font la même réponse, et n'espérant rien obtenir d'eux en ce genre, je n'en parle plus.

Antoun vient d'accourir tout effaré me raconter que nous sommes suivis et épiés par une bande de quarante bédouins, venus on ne sait d'où, mais qui éprouvent le besoin de nous attaquer et de nous dépouiller. Tout d'abord, à l'apparition du chiffre *quarante*, ce chiffre sacramentel des menteurs arabes, je me sens pris d'une invincible incrédulité ; d'ailleurs, les assaillants fussent-ils quarante, avec nos bonnes armes, nous leur ferions passer un quart d'heure des plus désagréables. Je prends donc le parti de rire au nez d'Antoun et de le congédier, en lui disant purement et simplement : Laisse-les faire, et rira bien qui rira le dernier. Une fois débarrassé d'Antoun, je m'entretiens avec Qablan de la nouvelle qui vient de m'être transmise, et Qablan, avec le calme qui ne le quitte jamais, me prend la main et me dit : Nous sommes là ; ne te donne pas la peine de penser aux mensonges qu'on colporte; avec nous, tu n'as rien à craindre. Toute cette belle histoire était enjolivée de la venue d'un Arabe, arrivé en toute hâte pour prévenir ceux de ses frères et amis fixés à Hesbân du danger qui les menaçait. Conclusion : il n'y a certainement pas un mot de vrai en toute cette affaire; ce qui n'empêche pas Antoun de faire le bravache et de montrer une grande détermination. Comme tous ces détails prêteraient à rire, s'ils n'étaient pas si ennuyeux !

La journée, en effet, finit sans encombre.

13 novembre.

Ce matin, au réveil, je me sens à peu près remis et je m'en réjouis fort. Avant de monter à cheval, j'ai voulu visiter quelques-uns des tombeaux percés dans les flancs des rochers placés derrière notre camp. Tous ont servi ou servent présentement d'habitations aux Bédouins qui ont amené leurs troupeaux à Hesbân. L'un de ces tombeaux est beaucoup mieux conservé que les autres. Il est encore muni de sa porte de pierre, avec gonds pris dans la masse, qui est enterrée aux trois quarts.

Il était près de neuf heures lorsque nous nous sommes mis en route, nous dirigeant vers l'ouest-sud-ouest. Un peu à gauche de la direction que nous suivons, se dresse une grande colline; c'est Mayn, l'emplacement de la Baal-Mâoun de la Bible. C'était une ville de la tribu de Ruben. La plaine dans laquelle nous nous engageons est la continuation de celle que nous avions traversée en venant de Na'our à Hesbân. Elle est véritablement magnifique. Nous rencontrons un assez bon nombre de pâtres arabes, conduisant tranquillement leurs troupeaux au pâturage, et ceci nous donne la mesure de la confiance que méritait l'histoire de voleurs dont on nous a régalés hier soir. Evidemment, si l'on avait la crainte de voir arriver une forte bande de maraudeurs, les bergers ne se livreraient pas avec cette insouciance à la garde de leurs moutons.

Il y a justement une heure que nous sommes à cheval lorsque, demandant à Abou'l-Aïd le nom de la montagne en face de laquelle nous sommes arrivés, je suis saisi de la réponse qui m'est faite : — Djebel-Nebâ ! — Tel est le nom que ce brave garçon et tous les autres Adouân me répètent à l'envi. Djebel-Nebâ ! mais c'est la plus belle, comme la plus inespérée des découvertes ! Depuis des siècles on cherche à retrouver le mont Nebo, ce mont illustre entre tous, du haut duquel Moïse, avant de mourir, a pu contempler la terre promise, ce mont sacré dont le sommet a été témoin de la mort du grand législateur. De guerre lasse, et ne trouvant pas de mont Nebo, on avait tenté d'identifier la sainte montagne avec le Djebel-Atarous ; moi, tout comme mes devanciers, j'avais accepté et contribué à propager cette erreur ; et voilà qu'un

Bédouin, sans se douter du plaisir immense qu'il me fait, me jette à l'oreille ce nom tant cherché : — Djebel-Nebâ. — Une fois de plus, je reste convaincu que pas un nom ne change en ce pays, et qu'il est indispensable pour le voyageur de pouvoir causer avec ses guides, s'il veut se donner la chance d'opérer des découvertes géographiques importantes, comme celle que je viens de faire à l'improviste.

Depuis que nous avons quitté la plaine, nous jouissons fréquemment de magnifiques échappées entre deux pitons, qui nous permettent de voir tout le bassin de la mer Morte et la chaîne montueuse du haut pays de Kenâan. Il n'est réellement pas possible de rien voir de plus beau ni de plus grandiose que ce spectacle, surtout en se rappelant tous les faits de l'histoire sacrée dont cette terre privilégiée a été le théâtre.

Il y a deux heures et demie que nous sommes en marche ; la faim nous est venue, car il est près de midi, et nous faisons halte sur la route même, en nous adossant à un petit rideau de rochers qui nous garantit fort peu du soleil. Mais nous sommes en face d'une échappée splendide, qui nous permet d'admirer le bassin de la mer Morte et le haut pays situé de l'autre côté. Nous ne pourrions donc trouver un point plus agréable pour nous y arrêter. Une fois installés, les longues-vues sont braquées du côté de Jérusalem, et nous sommes émerveillés de reconnaître nettement l'enceinte du Haram-ech-Chérif, Beït-Lehm et le Djebel-Foureïdis. L'air est si pur, si transparent, que tout cela nous paraît bien près de nous; et pourtant nous sommes à trois bonnes journées de marche de Jérusalem! Peu importe; cette vue inattendue nous réjouit le cœur, et nous ne pouvons nous lasser de jeter nos pensées et nos regards vers ces lieux où nous voudrions bien être rentrés. Patience! cela viendra, s'il plaît à Dieu.

Nos Arabes, qui nous ont vus ravis de tout ce que nos longues-vues nous font reconnaître, nous demandent de les expérimenter à leur tour; ils restent stupéfiés, et ils pensent, j'en suis convaincu, qu'il y a quelque diablerie dans ces petites machines-là, qui vous amènent sous le nez les pays les plus éloignés. On pense bien que notre déjeuner, tout frugal qu'il est, nous semble délicieux, pris à semblable place. De là encore, je revois Engaldi et Massada, et ce n'est pas sans une vive émotion, je le déclare.

Après une heure de repos, qui aurait été plus complet et plus confortable sans le soleil enragé qui nous mord la nuque, nous remontons à cheval et nous continuons notre route.

Nos bagages, qui ont quitté Hesbân en même temps que nous, par mesure de précaution, ont pris les devants pendant notre halte, et ils se sont dirigés vers le point de campement déterminé à l'avance par Qablan et Abd-el-Aziz. Il y a déjà trois quarts d'heure que nous marchons, lorsque nous apercevons, à perte de vue et au fond d'un entonnoir sans pareil, nos bagages qui cheminent à proximité de trois masses séparées de gros points noirs. Nos mules et nos chevaux de charge nous paraissent gros comme des moineaux, et les points noirs sont les tentes de trois campements arabes établis à proximité les uns des autres.

Comme nous sommes arrivés très près des limites du territoire des Adouân, ceux-ci pensent que nos bagages et nos personnes seront plus en sûreté au milieu des campements amis que nous apercevons; l'un d'eux se lance donc sur ces pentes diaboliques pour aller ordonner aux moukres de ne pas dépasser ce point; les autres, par leurs cris de forcenés, arrêtent la marche de la caravane, et quand il est bien convenu que nous allons passer la nuit au fond de ce trou immense, il faut se décider à y descendre. Je puis, sans me vanter, avouer que j'ai eu chaud quelquefois dans ma vie, et que j'ai cheminé sur des pentes un peu roides; mais, je le déclare, c'est la première fois que je me trouve à pareille fête. Il nous a fallu, pendant vingt minutes au moins, gambader comme des démoniaques sur une pente immense et continue, exposés à toute l'ardeur du soleil, dont pas un rayon ne se perdait, nous raccrochant à chaque glissade aux broussailles des talus, pour ne pas descendre la tête la première, et faisant sans trève des enjambées de Gargantua, afin d'atteindre le bienheureux ravin qui allait nous servir de gîte pour la nuit. Cet aimable endroit s'appelle Ouad-el-Ektetir, « la vallée des gouttes d'eau qui suintent. » Une fois arrivés sur la plate-forme qui doit nous héberger, il ne nous manque plus que nos tentes pour être à l'ombre, et en les attendant, nous jouons exactement le rôle des pommes que l'on a mises dans un four. La sueur ruisselle sur toutes nos personnes, et pour ma part, j'ai les jambes qui flageolent de telle sorte qu'il ne m'est pas possible de demeurer en place. Enfin, les bienheureux bagages sont arrivés ; on décharge mules et chevaux, et au bout d'une demi-heure, je puis me changer des pieds à la tête et m'étendre sur mon lit, au risque d'étouffer dans l'étuve en laquelle ma tente se transforme en moins de cinq minutes. Par ma foi, voilà un agréable gîte !

Après un repos d'une heure, dont j'avais

plus besoin que je ne saurais le dire, j'ai fait le contraire de ce que faisait Achille; je suis sorti de ma tente pour aller causer avec mes Adouân et les nombreux curieux qui étaient descendus des campements voisins, afin de nous contempler comme des bêtes curieuses. Il y avait autour de nous, mais tenue à distance, une nuée de femmes et d'enfants; ceux-ci, que leurs vêtements ne gênaient guère, cherchaient bien à se faufiler au milieu de nous, mais de temps en temps une bourrade paternelle les repoussait à l'écart. Il y avait donc, au milieu de notre camp, belle et nombreuse société. Tout ce monde accroupi sur les talons formait un cercle imposant, dans lequel je suis venu prendre place et fumer un tchibouk. Après avoir distribué des cigares à la ronde, à la grande satisfaction de ces messieurs qui n'en avaient jamais vus, j'ai entamé la conversation sur M'kaour, mon idée fixe. Un vieux pâtre a été à M'kaour, qui est de l'autre côté du Zerka-Mayn. Pour atteindre Callirhoë, il faut trois bonnes heures de marche par une descente diabolique; de Callirhoë à M'kaour, il y a encore trois heures, et par un chemin où il n'y a pas une goutte d'eau à boire. La description que je fais de Makhéronte a l'air de s'accorder très bien avec les souvenirs du bonhomme, quant à la disposition des lieux; mais il ne se trouve pas une seule colonne dans le pays, ou plutôt il y en a une, mais elle est dans une caverne. Tout cela, malgré les six heures de marche, m'affriande extrêmement, et je m'informe des moyens d'y aller. A cette question, tout le monde se met à rire et me déclare qu'il n'y a aucune possibilité de faire cette promenade. Nous pouvons aller visiter la source bouillante de Callirhoë, où, soit dit entre parenthèses, on m'affirme qu'il n'y a pas de ruines, mais voilà tout. Pour arriver là, nous risquerons bien de recevoir quelques coups de fusil ; on les rendra, et tout sera dit ; tandis qu'en remontant vers M'kaour, nous serons infailliblement fusillés comme des chiens enragés, sans pouvoir nous défendre. Sur ce, je réfléchis que le mieux est de dépêcher un émissaire à quelque cheikh de l'autre côté, avec une lettre et des offres de bakhchich, afin d'obtenir libre passage et protection. Je croyais la chose des plus faciles, et voilà que pas un des assistants ne consent à s'y risquer. Chacun me dit qu'il y laisserait sa peau, ce dont il n'a pas envie. J'ai beau faire les offres les plus larges ; elles sont obstinément repoussées, sans même être discutées. Pendant plus d'une heure, j'ai insisté en pure perte. Botros proposait bien d'aller chercher tout seul quelque cheikh des Beni-Hammid, du côté de Makhéronte ; mais, en bonneconscience, je ne pouvais accepter le dévouement de ce brave garçon, et risquer sa vie pour tenter d'obtenir le passage.

Pendant ce temps, mes amis ont été faire un tour du côté de l'Ayn-el-Ektetir. J'étais beaucoup trop fatigué de la journée, et trop souffrant encore pour me risquer à faire cette promenade en leur compagnie.

Pendant la soirée, les mêmes histoires d'attaque possible nous ont été servies à profusion, mais nous n'y avons pas ajouté foi plus que nous ne l'avions fait hier, et tout en mettant, par mesure de simple prudence, nos armes à portée de la main, nous nous sommes couchés le plus tranquillement du monde, avec la conviction que notre sommeil serait respecté.

14 novembre.

Il n'en a rien été, et une alerte, qui n'était que ridicule, est venue troubler notre repos. Les chiens des campements, à proximité desquels nous nous étions établis, m'avaient déjà réveillé plusieurs fois, et je les avais maudits de bon cœur, tout en me rendormant, lorsque, vers minuit, ils recommencèrent de plus belle leur infernal vacarme. Je les entendais depuis un quart d'heure se ruer par bandes d'un côté, puis d'un autre, en aboyant avec fureur, lorsque ma tente s'éclaira tout d'un coup, en même temps qu'une détonation formidable retentissait pour ainsi dire à mon oreille; un coup de pistolet, et de pistolet chargé à l'arabe, c'est-à-dire jusqu'à la gueule, venait d'être tiré derrière mon lit, en dehors de la tente. L'abbé et Louis s'éveillèrent en sursaut ; une bougie fut allumée à l'instant, et chacun de nous, s'asseyant sur son lit, saisit son revolver. Au même moment, les ficelles qui nouaient la porte de la tente étaient violemment arrachées, et Antoun, la figure bouleversée, entrait en hâte, en nous criant de n'avoir pas peur, que ce n'était rien. Louis, encore endormi, ne le reconnut pas tout d'abord :

— Ah ! tu crois que tu vas nous moucher comme ça, toi ! cria-t-il à l'arrivant.

Et il lui dirigea son revolver sur la figure, prêt à lui casser la tête.

— Faites donc attention, s....! criai-je à mon tour, c'est Antoun !

Et le revolver s'abaissa. Antoun, ma foi, l'avait échappé belle.

— Qu'est-ce donc? continuai-je, qu'y a-t-il? qui a tiré?

— Ce sont des voleurs! donnez-moi un fusil.

Il s'élança sur un de nos fusils, se précipita hors de la tente, et fit aussitôt feu des deux coups.

Je commençais à croire à quelque chose de sérieux.

— Debout, dis-je à mes compagnons, debout! et vite, dehors!

Ce fut fait en un clin d'œil. Tout était rentré dans le silence; les chiens ne hurlaient plus. La nuit était calme, et les étoiles brillaient au ciel, comme s'il ne se fût rien passé d'extraordinaire.

J'allai tout de suite à la tente de mes amis; tous étaient sur pied, le revolver au poing. A peine étais-je auprès d'eux, que Qablan entra. Il était tranquille comme d'habitude.

— Ce n'est rien, me dit-il; tu peux te recoucher et dormir.

Je n'en obtins rien de plus. Mohammed et Botros étaient accourus aussi, le premier fort calme, le second enfiévré comme Antoun. Je donnai l'ordre à celui-ci de faire du café et de m'apporter un tchibouk; le café pris, chacun regagna sa couchette, et s'endormit du sommeil du juste.

Ce n'est que longtemps après que j'ai su le

mot de cette aventure burlesque. Devant nos Adouân, Antoun se donnait de tels airs de héros, que Habib, le frère de Qablan, se promit de mettre sa bravoure à l'épreuve. Je pense bien que les histoires racontées la veille à Hesbân, et le soir encore à El-Ektetir, n'étaient qu'un commencement de mise en scène, et que l'aimable Habib, réveillé par les aboiements des chiens, pensa que le moment était bon pour passer au dénouement de sa petite comédie; il était couché derrière mon lit, et il fit feu de son pistolet sur des voleurs imaginaires. Voilà le fond réel de cette alerte, qui nous a procuré du moins le plaisir de montrer qu'on ne nous prendrait pas facilement sans vert, et que notre émotion n'aboutissait qu'à boire une tasse de café et à fumer une pipe de plus. Au reste, tout cela ne nous a pas fait tort aux yeux de notre escorte, car Qablan, Abd-el-Aziz et Abou'l-Aïd semblent s'être donné le mot pour me dire : Par Allah ! vous n'avez pas peur, vous autres ! vous êtes des hommes !

Nous avons dormi un peu plus tard que de coutume, grâce à l'intermède nocturne dont nous avons été gratifiés ; aussi ne nous levons-nous cette fois qu'un peu après le soleil. L'affluence des curieux, descendus des campements voisins, est considérable, et chacun vient dans l'espérance de nous extorquer un bakhchich. Je distribue quelques piastres, par-ci par-là, aux enfants. J'en donne une cinquantaine au cheikh, qui me présente un petit bonhomme à peu près nu, lequel est monsieur son héritier présomptif, et nous assistons tranquillement au reploiement des tentes et au chargement de tous nos bagages. Tout cela nous mène à huit heures et demie, heure à laquelle nous montons à cheval, en tournant le dos à Makhéronte, hélas ! car il me faut absolument renoncer à visiter cette localité célèbre.

Après une bonne heure de marche vers le nord, nous avons atteint une gorge sauvage, plantée de figuiers ratatinés, et au fond de laquelle s'étale un petit ruisseau, qui sort de deux ou trois sources nommées Ayoun-ed-Dyb, « sources du loup. » Nous y faisons boire nos chevaux, et après un quart-d'heure de halte, nous reprenons la route de M'khaïet, où nous camperons, si la chose en vaut la peine.

Lorsqu'on voyage en ce pays, on se figure que la route la plus mauvaise qu'on a suivie a atteint le *nec plus ultra* de l'impossible. Erreur ! On finit toujours par arriver à la nécessité de franchir un passage infiniment plus affreux que tous les autres. Témoin le chemin que nous suivons pour escalader le flanc droit de l'Ouad-ed-Dyb. J'appelle cela un chemin ! C'est de la bonté de reste ; à vrai dire, c'est une muraille éventrée. Comment des chevaux peuvent-ils se tirer de là ? Je n'en sais rien ; ce que je sais seulement, c'est qu'ils s'en tirent et qu'ils en tirent leurs cavaliers.

A cette montée, j'ai eu le plaisir d'apprendre un moyen radical de retenir les poulets qui ont envie de picorer par les routes. Nous en avions emporté une provision, entassée dans deux grands paniers-cages à barreaux fort étroits, qu'une de nos mules voiturait triomphalement sur son dos. Chaque jour, la population des cages allait diminuant ; mais ce qui diminuait aussi, c'était l'embonpoint des volailles prisonnières, si bien qu'au jour où nous étions arrivés, les pauvres bêtes se faufilaient sans la moindre difficulté à travers les barreaux de leur geôle et gagnaient aux champs. Aussitôt, grande chasse à courre de notre cuisinier et des moukres, afin de ressaisir les fugitifs. Sur la montée de l'Ouad-ed-Dyb, nos poulets désertèrent presque à l'unanimité. Là-dessus, fureur du cuisinier qui eut toutes les peines du monde à ressaisir ses pratiques, sauf deux ou trois qui lui échappèrent pour tout de bon. Quant à celles qui eurent l'imprudence de se laisser repincer, il leur arracha la tête d'un élégant tour de main, et il les replaça dans leur cage, bien assuré que celles-là ne s'évaderaient plus. J'avoue que ce spectacle me fit horreur, et que, le soir venu, je ne me sentis pas le cœur de mordre à la volaille.

Après trois heures de marche, nous voici arrivés enfin en vue de M'khaïet. Désillusion complète ! C'est un mauvais petit mamelon qui se détache du flanc du Djebel-Nebâ, et qui, en deux ou trois ressauts sur lesquels sont des ruines des plus chétives, gagne le fond d'un large ravin, rempli par une véritable forêt de roseaux gigantesques. Là coulent des sources très-belles et dont l'eau est très-abondante, mais malheureusement un peu trop chaude (vingt et quelques degrés). Quelque chaude qu'elle soit, elle nous procure de l'eau à boire, et par l'atroce chaleur qui nous rôtit, ce n'est pas à dédaigner. Nous sommes donc bientôt décidés à faire en ce point la halte du déjeuner.

Dès que j'ai eu mis pied à terre, j'ai naturellement demandé le nom de cette belle source et de ses voisines. Ayoun-Mousa ! sources de Moïse, et nous sommes sur le flanc même du Djebel-Nebâ ! Voilà, on peut le croire, un nom qui me charme. Certainement Moïse a passé par ici, en descendant vers la plaine du Jourdain, qui est bien loin encore, tandis que le sommet du Djebel-Nebâ est fort près de nous. Tous ces souvenirs, qui parlent si haut à l'esprit et au cœur, sont bien faits pour dissiper les fatigues d'une course en pareil pays.

Nous sommes restés près d'une heure et demie aux Ayoun-Mousa ; puis, pressés par nos guides, auxquels j'ai déclaré que je voulais aller camper à Soueïmeh, nous sommes repartis.

Je n'essaierai pas de décrire les plateaux et les flancs rissolés que nous avons arpentés sous un soleil de plomb. C'est indescriptible et affreux ; voilà tout en deux mots. Le pis, c'est que nos Adouân sont loin d'être bien sûrs de la route à suivre, et que leurs tâtonnements nous font exécuter une série de marches et de contre-marches des plus assommantes. De loin en loin, heureusement, nous trouvons un pâtre qui nous remet dans la bonne direction. Nous avons traversé un canton désolé, où l'on ne rencontre que des roches effritées de couleur lie de vin, sur lesquelles se montrent de temps en temps des pierres grises, affectant la forme de choux-fleurs en silice. Ce canton s'appelle el-Keniseh, « l'église. »

Enfin, nous sommes arrivés au dernier contre-fort qui domine le Rhôr, et la plaine nous apparaît dans toute sa splendeur. Au moment où nous atteignons le plateau de ce contre-fort, nous franchissons une sorte de muraille, formée par le roc lui-même, avec adjonction de gros blocs qui semblent avoir été superposés par la main de l'homme. Je ne quitte pas des yeux cette barrière étrange, tout en gagnant du terrain, lorsque je passe à côté d'un amas de pierres brutes, dans lequel je reconnais avec la plus entière surprise un véritable dolmen, bien caractérisé et d'une conservation parfaite ; je jette alors les yeux sur le plateau étroit que je traverse, et ce n'est plus un dolmen que j'aperçois ; j'en vois une vingtaine au moins, et quelques-uns d'entre eux sont entourés de cromlechs ou cercles de gros blocs plantés. Nouvelle découverte à laquelle j'étais loin de m'attendre. Pas de trace de ciseau ; tous ces blocs sont bruts et semblent extraits des rochers voisins. J'ai naturellement questionné les Adouân sur le compte de ces monuments. Le lieu qu'ils occupent s'appelle El-Azhemieh, l'ossuaire. Chacun des dolmens est connu d'eux sous le nom de Beït-el-Rhouleh, « maison de la Goule. » A quelle époque, à quel peuple faut-il attribuer ces monuments primitifs ? Dieu seul le sait.

Nous sommes tous singulièrement fatigués par la chaleur supportée pendant cette rude journée. Enfin, à quelques centaines de pas, nous entrevoyons, à travers la verdure, qui est véritablement magnifique, le bienheureux drapeau tricolore qui flotte au-dessus de ma tente. Nous pressons donc le pas, et après trente-cinq minutes de marche, nous mettons pied à terre, avec un inexprimable bonheur, au milieu de notre petit camp. Tout y est prêt, et l'endroit qu'il occupe est merveilleusement choisi. Impossible de rien voir de plus beau que cette plaine ; de tous côtés, autour de nous, sont de profonds bouquets d'arbrisseaux épineux couverts de fleurs, sur lesquels bourdonnent des nuées d'abeilles. Au sud, nous avons la mer Morte et l'embouchure du Jourdain, qui nous semblent à quelques centaines de mètres seulement. La montagne de Sebbeh ou de Massada ferme majestueusement l'horizon, en avant de la ligne de montagnes qui constituent le haut plateau de Kenâan ; à notre gauche se dressent les noirs escarpements de rochers qui dominent la rive orientale, et au-dessus desquels s'élèvent les montagnes tourmentées de Moab.

Nous nous sommes établis sur l'emplacement même de Soueïmeh. Il est évident que depuis des milliers d'années, Soueïmeh est un point d'étape où se sont succédées toutes les caravanes qui traversaient le pays. Autour de nous paraissent des blocs usés et rongés par le sel, et provenant de constructions antiques ; quelques misérables arasements de murs constituent tout ce qui reste d'une ville illustre, Beit-Azmout. La source d'eau chaude dont m'avait parlé Qablan est à deux cents pas de ma tente, et elle est recouverte d'un inextricable fourré de roseaux gigantesques.

Au mom.nt où j'ai mis pied à terre, le frère d'Abou'l-Aïd est venu triomphalement me présenter quelques médailles archi-rongées de rouille, grâce à la nature du sol dans lequel elles sont restées si longtemps, et que les pluies de l'année précédente ont fait émerger. L'une d'elles est un joli petit Antiochus dentelé, assez bien conservé ; je donne quelques piastres au trouveur, et aussitôt reposé, je vais chercher comme lui et avec le même succès que lui. En moins d'une demi-heure, j'avais, avec l'abbé et Louis, récolté une poignée de médailles absolument méconraissables, sauf quelques pièces romaines et un assarion byzantin. J'ai fait aussi une ample provision de pots cassés, parmi lesquels il y a des fragments de terres faïencées qui sont très certainement antérieures de quelques siècles à l'ère chrétienne.

Sur la route qui sépare les Ayoun-Mousa de Soueïmeh, j'avais donné quelque argent à mes Adouân pour s'acheter un mouton, et ce mouton, qu'on me faisait payer une vingtaine de francs, je le trouvais un peu cher. Habib, le frère de Qablan, se mit en quête du futur rôti, et pendant que nous continuions notre chemin, il courut de côté et d'autre pour trouver un pâtre qui lui cédât le mouton espéré. Au moment même où nous allions arriver à Soueïmeh, Habib accourut à fond de train vers ses amis, et sans que je pusse entendre ce qu'il leur avait dit, je vis ceux-ci tourner bride et retourner avec furie sur leurs pas. Mohammed lui-même vint à moi, me demanda mon révolver et suivit les autres au galop. Voici ce qui s'était passé. Lorsque Habib eut acheté sa bête et l'eut installée sur le devant de sa selle, un quidam vint, le fusil au poing, lui enlever son emplette. Deux balles furent échangées, et comme nous étions loin, notre ami jugea prudent de se méfier des rocailles au milieu desquelles il se trouvait et qui pouvaient lui porter malheur. Il prit donc bravement la poudre d'escampette et vint raconter sa mésaventure. Tout notre monde chercha vainement les voleurs, auxquels on était bien décidé à faire un mauvais parti ; on ne trouva personne, et pour ne pas vivre de galette et d'eau claire, on se décida à acheter un second mouton, que je m'empressai de ne pas payer cette fois.

Après notre dîner, la soirée était si magnifique, si chaude même, que nous nous sommes assis à la porte de nos tentes, pour fumer tranquillement et prendre le café avant de nous coucher. Nous avons pu ainsi voir de nos yeux l'infernale cuisine des Bédouins ; le mouton fut saigné et écorché en un clin d'œil; il fut dépecé tout pantelant encore, rissolé et mangé à belles dents avec la même rapidité. Nos Adouân se partageaient les morceaux avec la plus scrupuleuse égalité, sans que les cheikhs eussent une part mieux fournie que le plus humble de leurs suivants. Ce qui nous parut médiocrement ragoûtant, je le confesse, ce fut le partage et le cuisinage des intestins de la pauvre bête. Chacun des convives prit une baguette au bout de laquelle il entortilla ce qui lui revenait de boyaux; il tisonna le feu avec cela, et quand tout fut à demi carbonisé, il le dévora du plus grand appétit du monde. La faim est une belle chose; mais il m'aurait fallu une faim hors ligne pour tenir compagnie à nos voraces amis.

15 novembre.

Notre nuit a été la plus douce du monde, et nous avons dormi à poings fermés, ou *a pierna tendida*, comme disent les Espagnols. Au point du jour, nous étions debout, parce que la matinée devait être consacrée à retourner à l'Azhemieh, pour prendre quelques dessins de dolmens. Salzmann, Mauss, l'abbé et Botros sont donc allés là-bas, avec l'intention de fouiller une de ces tombes antiques, si la chose est faisable. De mon côté, j'ai encore ramassé des médailles et des tessons de poterie antique ; puis j'ai été étudier avec Gélis l'aqueduc auprès duquel nous sommes campés. Pendant ce temps-là, de Behr et Louis, qui sont convaincus qu'en un quart d'heure ils doivent aisément arriver sur la plage de la mer Morte, se sont mis bravement en route, chacun avec son fusil. Disons tout de suite qu'ils ont mis trois heures à peu près à se débrouiller, tant bien que mal, au milieu des roseaux et des épines ; que toujours la rive qu'ils voulaient atteindre leur semblait rester à la même distance, et que, de guerre lasse, ils sont rentrés exténués, dévorés par les mouches et les moustiques, et maugréant à qui mieux mieux contre les illusions d'optique.

Il était plus de onze heures lorsque l'abbé, Salzmann et Mauss sont rentrés de leur excursion. L'abbé, pendant que les deux autres s'escrimaient sur les dolmens, a fourragé et ramassé force plantes intéressantes. Mais ce qui le charme surtout, c'est d'avoir retrouvé la vraie rose de Jéricho, c'est-à-dire la *composée*, malheureusement desséchée, qu'à mon premier voyage, j'avais recueillie dans l'Ouad-ez-Zouera. Il en a fait une ample provision, et cette fois nous en pourrons faire largesse à qui voudra. Il est certain que, pour la faculté ressuscitante, la prétendue rose de Jéricho est à cent piques de cette herbe singulière. Fût-elle desséchée depuis cinquante ans, il suffirait de la tremper une fois dans l'eau, pour qu'elle s'épanouît à l'instant même et à vue d'œil. Je doute qu'il y ait au monde une substance végétale, douée d'une puissance hygrométrique plus complète.

Nous nous sommes dépêchés de déjeuner, afin de gagner le gué du Jourdain, où nous devons passer la nuit, et il était une heure après midi lorque nous avons été en mesure de monter à cheval. Après une heure de chemin, nous avons traversé l'emplacement d'une localité antique, où les ruines les plus remarquables sont une grande enceinte carrée et un canal aqueduc. Le nom de cette ruine est Tell-el-Edjlab, « la colline des clameurs, des murmures. »

Enfin, nous arrivons à trois heures et un quart au gué du Jourdain, que nous traversons immédiatement, sans mésaventure. C'est sur la rive opposée, et tout à fait au bord de la rivière, que nous donnons l'ordre de planter nos tentes ; il serait difficile, en effet, de trouver dans le monde entier un plus délicieux campement. Ni le bois ni l'eau ne nous manqueront ici. Pendant qu'on décharge nos bêtes de somme et qu'on dresse nos tentes, tous mes amis prennent un bain dans le fleuve sacré. J'ai les reins encore un peu trop endoloris pour me permettre cet exercice agréable. Je me contente donc de regarder faire les autres, en prenant un modeste bain de pieds. Décidément, les effets de lumière à travers cette belle forêt de tamariscs et de peupliers sont saisissants ; joignez au charme de cette nature vierge l'animation que lui donne tout le petit monde que nous traînons avec nous, et je défie d'imaginer un site plus ravissant. L'eau, du reste, a monté de plus d'un pied depuis notre premier passage, et je m'en suis désagréablement aperçu en gagnant sur la rive droite.

Nous étions à peine installés depuis une heure, qu'une bande énorme de chameaux, appartenant à un campement voisin de Beni-Sakhar, est arrivée avec grand bruit pour s'abreuver. Je ne sais comment un de nos jeunes hommes a effrayé quelques-unes de ces pauvres bêtes ; un noir qui les conduisait a menacé, frappé même l'Adouân ; à cette vue, tous nos amis, qui à pied, qui à cheval, se sont jetés dans la rivière et se sont élancés à la poursuite du nègre et de ses chameaux, qui s'enfuyaient grand train. Tout a bientôt disparu dans les fourrés inextricables de la rive gauche, puis nous avons entendu retentir un coup de feu qui, heureusement, n'a fait de mal à personne. On s'est expliqué, on a fait la paix, on s'est embrassé, et chacun est retourné à ses affaires. Quel diable de pays ! J'ai vu le moment où on allait se massacrer, parce que des brutes de chameaux avaient pris peur sans raison. Au moment où nos gens se ruaient à l'envi sur la rive gauche, quelques enfants, trop jeunes pour prendre part à la fête, dansaient et poussaient des cris de joie, parce qu'il allait y avoir bataille. Aimable naturel !

Notre soirée a été adorable ; rien ne saurait se comparer à l'aspect de nos feux de bivouac, au milieu de cette végétation luxuriante et tourmentée. De bonne heure nous avons gagné nos couchettes, et nous avons passé une excellente nuit, bien que nous fussions dans l'endroit le plus mal famé de toute la Syrie. Il y a bien eu par-ci par-là un peu de remue-ménage, occasionné par l'arrivée de quelques petites bandes qui se transportaient d'une rive sur l'autre ; mais nous étions sur nos gardes, et si ces voyageurs attardés avaient des intentions peu honnêtes, ils ont jugé prudent de les rengaîner et de faire les bons apôtres.

Ce gué du Jourdain est vis-à-vis de Jéricho; il est le seul pratiqué habituellement et de temps immémorial ; il y a donc gros à parier que c'est bien ici que le peuple d'Israël, sous les ordres de Josué, a effectué son passage sur la terre de Kenâan. C'est une probabilité, mais je me garderais bien de la donner comme une certitude.

16 novembre.

L'abbé a déguerpi aussitôt que le jour a commencé à poindre, et il est allé faire de la botanique et de la géologie dans les alentours de notre camp. A son retour, il m'a remis quelques beaux coléoptères, recueillis par lui dans les falaises crayeuses auxquelles est adossé le fourré qui borde le Jourdain. Nous sommes allés immédiatement faire une chasse entomologique et conchyliologique au point indiqué. Pour y arriver, nous avons dû traverser un large espace, qui a été ravagé par un incendie. Rien de plus friable que la roche de ces falaises ; c'est de la craie pour ainsi dire à demi agrégée, et qui s'enlève sous la main avec une extrême facilité. Nous n'avons malheureusement pas trouvé grand'chose, et nous nous sommes rabattus sur la chasse aux cannes. Je m'explique : Pensant qu'il serait agréable à quelques-uns de mes amis d'avoir des cannes, faites de bâtons cueillis sur les bords du Jourdain, nous avons fait un véritable fagot de beaux brins choisis de tamarisc et de peuplier.

Au moment où nous venions de monter à cheval, tous nos bagages étant à peu près chargés, est arrivé de l'autre côté du Jourdain un beau cavalier, suivi d'un grand coquin de nègre. Il est venu tout droit à moi, et après m'avoir salué, il m'a annoncé la visite de son père. Son père, c'est le cheikh le plus puissant des Adouân, le cheikh Ediâb; lui se nomme Aly. Qablan et Abd-el-Aziz grimacent un peu, attendu que cette visite ne les charme pas le moins du monde, et ils me prient de mettre pied à terre et d'attendre patiemment un si grand personnage. Voilà un retard qui me contrarie, et encore s'il ne s'agissait que d'un retard! Mais je connais assez les Arabes, pour prévoir qu'il y a sous cette politesse un désir véhément de m'extorquer un bakhchich de plus. Que faire? Me résigner, c'est le plus prudent, et je me résigne. Il est alors midi, et sans s'occuper plus de nous tous que si nous n'existions pas, le nègre étend un tapis à terre pour son maître Aly; il en étend un second pour lui-même, en arrière du premier, et tous les deux, après avoir fait leurs ablutions dans le Jourdain, se mettent à réciter leur prière. Je déclare qu'à la vue de cette piété simple et digne, s'isolant ainsi au milieu d'une foule d'étrangers, j'ai senti toute ma mauvaise humeur se dissiper. J'ai admiré et respecté profondément ces deux

hommes. Leur *namaz* était à peine terminée que nous avons vu entrer dans la rivière et se diriger vers nous une quinzaine de cavaliers de très bonne façon, la lance ou le fusil à l'épaule. A leur tête marche un magnifique vieillard à barbe grise, à l'œil vif et perçant et au nez en bec d'aigle ; c'est Ediâb en personne. Franchement, il a parfaitement le physique de son emploi, et à première vue, je comprends tout l'ascendant qu'une pareille créature doit prendre sur ses frères de tribu. Au reste, Ediâb est de la plus antique noblesse parmi les Arabes, et tous les Adouân se pressent à l'envi pour lui baiser la main, qu'il leur tend avec une dignité qui n'a rien absolument de théâtral. Je me suis immédiatement approché de lui pour le saluer, en lui offrant la main, qu'il a serrée très-poliment :
— J'espérais que tu m'honorerais de ta visite, me dit-il, et j'aurais été heureux de remplir envers toi les devoirs de l'hospitalité. — Mon intention, lui ai-je répondu, était assurément de visiter ta tente et de te porter les hommages que je te devais, comme au maître de la contrée que je viens de parcourir ; mais je suis devenu assez souffrant pour avoir un désir extrême de rentrer à Jérusalem ; j'avais donc chargé les cheikhs Abd-el-Aziz et Qablan de te porter mon salut d'ami ; mais puisque te voilà venu près de moi, je te remercie de cette

marque d'amitié, dont je suis on ne peut plus reconnaissant. — Vas-tu mieux maintenant? es-tu content ? — Oui, je me sens mieux, quoique très-fatigué, et j'emporte le meilleur souvenir de l'accueil reçu de tous les hommes de ta tribu, que j'ai emmenés avec moi ou rencontrés sur mon chemin. — Bien ! si tu es content, je suis content ; je t'ai apporté un souvenir vivant de ton passage dans notre pays ; accepte-le. — Aïe ! pensai-je, voilà le bakhchich qui va poindre ; et je ne me trompais pas. Je donne à deviner en cent, en mille, le joli cadeau que m'offrait Eliâb : un des cavaliers de sa suite tire de dessous son habayah un animal qui a un collier de drap rouge au cou et une chaîne de fer. C'est une très-jolie petite panthère *de lait*, qui fait des grimaces affreuses et s'ébouriffe en soufflant comme un chat fâché, dès qu'une créature humaine quelconque approche la main de sa petite personne. Diable ! voilà un drôle de cadeau ; qu'est-ce que je vais faire de cela, mon Dieu? Ce sera pour le Jardin des Plantes, si pendant la traversée de retour, il ne devient pas plus sage de jeter cet être aimable par-dessus bord. Allons, il faut faire bonne mine à mauvais jeu ; je me confonds en remercîments, comme si j'étais le plus satisfait du monde d'avoir cette vilaine bête à traîner partout avec moi. Naturellement, je dois donner un premier bakhchich à celui qui a voituré la panthère dans sa poche, et je lui tends, avec douleur, je l'avoue, une pièce de vingt francs.

J'ai alors appelé Scharir, à qui j'ai confié le sort du quadrupède, et qui n'a pas eu l'air d'être flatté outre mesure de sa mission. Peu m'importe ! notre panthère a été immédiatement nommée *Arthur* par de Behr ; va pour Arthur ! et ce nom lui est attribué à l'unanimité, sans réclamation. Scharir place Arthur sur sa selle ; nous montons tous à cheval, et nous voilà partis ! J'aurais autant aimé que Eliâb et toute sa cavalerie s'arrêtassent au Jourdain ; mais tous ces gentilshommes du désert tiennent à m'honorer de leur compagnie jusqu'au prochain campement, et nous nous mettons en marche. Il fait une chaleur étouffante ; j'ai hâte d'être arrivé au gîte, où d'ailleurs je veux étudier le site de la Jéricho primitive ; j'allonge donc le pas le plus que je puis, et en moins de deux heures, j'arrive à la bienheureuse fontaine, à cent mètres en aval de laquelle nous mettons pied à terre, contre un fourré des plus épais et des plus épineux. Tout cela est émaillé de fleurs, et toutes les fleurs sont couvertes de myriades de grosses guêpes qui forment une espèce de nuage au-dessus d'elles. Nos tentes sont rapidement installées, et Antoun nous sert des limonades, dont nous avions grand besoin ; puis, après la limonade, le tchibouk; un quart d'heure après, moi, toute la bande des Adouân, le cheikh Ediâb en tête, est arrivée à son tour ; tout cela s'est assis à terre et a pris le café avec moi. J'avais hâte d'être débarrassé de tant d'honneurs, et j'ai offert à Ediâb mon revolver, auquel il ne comprend rien du tout, et qu'il refuse. Il aime mieux un fusil à deux coups. Mais il ne comprend pas mieux le système Lefaucheux; il ne saurait d'ailleurs où trouver des cartouches ; je suis donc forcé d'emprunter son fusil à mon ami Botros, pour en faire hommage au grand chef. Celui-là, étant un fusil des plus ordinaires, a été accepté sur-le-champ, et transmis par Eliâb à son fils Aly. Grand bien leur fasse !

Aussitôt nos visiteurs en route, nous nous sommes dispersés. L'abbé, qui meurt d'envie de monter à la montagne de la Quarantaine, est parti avec un homme de Riha, qui doit lui servir de guide. Mauss, Salzmann et de Behr vont explorer le flanc de la sainte montagne, dans laquelle sont percées de vastes grottes, qui ont servi jadis de demeure à de nombreux anachorètes. Gélis, est allé lever le plan du pâté de monticules qui a servi d'assiette à la Jéricho détruite par Josué, et je le suis, à mon tour, sur ce curieux terrain.

Ce pâté ressemble assez à un de ces tells, sur

lesquels étaient bâties les villes antiques de l'Égypte. Ici, comme là, le sol est jonché d'innombrables débris de poterie dont je fais une ample provision, bien assuré que je suis que tous ces tessons appartiennent à l'antiquité la plus reculée. Habib, le frère de Qablan, m'accompagne, et m'aide du mieux qu'il peut à remplir mes poches et mon mouchoir de beaux échantillons de cette céramique kenânéenne. Le tell le plus élevé, celui qui domine tous les autres, comme une acropole, présente des arasements de gros murs bâtis en pierres brutes, et offrant une largeur de près de deux mètres. Ce sont sans doute les bases des murailles que Josué a renversées. Au bas même de ce tell, et sur le côté oriental, coule, dans un bassin de grosses pierres de taille, la source magnifique qui s'appelle aujourd'hui Ayn-es-Soulthân, et qui n'est autre que la fontaine purifiée par le prophète Élisée. Une sorte de canal, revêtu également de grosses pierres de taille, s'enfonce immédiatement sous le fourré et emporte les eaux abondantes de cette source, qui fertilisait jadis et fertilise encore aujourd'hui une grande partie de la plaine de Jéricho.

Enfin l'heure du dîner est venue, et tous mes compagnons ont regagné le camp. Le pauvre abbé a dû renoncer à l'idée qu'il atteindrait les sommets de la Quarantaine. Il n'était pas au quart de la montée qu'il a compris l'inutilité d'aller plus loin.

Le temps était si délicieusement serein que nous avons fait dresser notre table en plein air ; mauvaise idée, car la rosée vient avec la nuit, et quand le repas est fini, nous sommes à moitié gelés. Ce qui est aussi venu avec la nuit, c'est le réveil d'Arthur, la petite panthère que vous savez. Scharir, pendant que j'explorais les ruines de Jéricho, l'a attachée au pied de ma couchette, et la pauvre bête s'était tenue coi, jusqu'au moment où le soleil a commencé à disparaître. Alors elle s'est émoustillée vigoureusement et a commencé à siffler, comme sifflerait un moineau, s'il était gros comme un dindon. Il m'a fallu y regarder à plusieurs reprises pour être certain que le seul oiseau qui chantât dans ma tente fût l'infortuné Arthur. N'ayant pas de lait à lui offrir, nous lui avons donné de la viande crue à gueule que veux-tu ! et, à force d'en manger, le petit malheureux, rond comme un melon, s'est endormi, sans plus songer à sa mère !

Aussitôt après le dîner, j'ai rassemblé mes bons amis les Adouân, et j'ai procédé à la distribution des bakhchich obligés. Vilaine cérémonie. Aussitôt que l'or brille, l'instinct arabe se réveille avec un appétit féroce pour le métal jaune. Tous mes Bédouins d'escorte, sauf le cheikh Qablan et Abou'l-Aïd, se sont montrés insatiables, tandis que ces deux hommes, au contraire, sont restés aussi calmes et aussi dignes qu'ils s'étaient montrés dévoués pendant le temps du voyage. Cela n'a en rien gâté leurs affaires; au contraire. J'ai donné à Qablan un fusil à deux coups et un revolver; mais le fusil lui a été soutiré immédiatement par le frère d'Abd-el-Aziz, Selameh-el-Maslah. Enfin, à force de financer, j'ai fini par satisfaire tout le monde, et j'ai pu aller me coucher, avec la conviction que si j'avais été content des services des Adouân, ceux-ci étaient tout au moins aussi contents de ma générosité. Décidément, on ne voyage pas à bon marché de l'autre côté du Jourdain.

17 novembre.

Nous étions tous levés avant le jour, et cette fois il n'avait fallu stimuler l'ardeur de personne, tant notre joie était grande de rentrer à Jérusalem, après avoir si heureusement accompli notre exploration de l'Ammonitide. Nous avons donc pris congé au plus vite de nos amis les Adouân, et après force souhaits de bonheur échangés en conscience, j'en suis convaincu, nous nous sommes quittés Il était à peine six heures et demie, quand nous nous sommes mis en marche. Comme nous n'avions rien absolument à craindre pour nos bagages, nous avons pris les devants, en nous dirigeant tout droit sur la route de Jérusalem.

S'il est absolument impossible, pour qui veut être prudent, de parcourir à cheval la descente de Jéricho, le même inconvénient n'a plus lieu lorsqu'on la remonte, et nos chevaux, au pied si sûr, s'en tirent à merveille.

Je ne parlerai plus de cette route, décrite tant de fois, et que moi-même j'ai fait connaître en détail dans mon premier voyage. Nous avons marché bon train, ne nous arrêtant nulle part avant la fontaine des Apôtres, où nous avons fait la halte du déjeuner. Celui-ci expédié, il était midi; nous avons pris immédiatement la route de Jérusalem, où nous rentrions à une heure. S'il faisait chaud sur le flanc du mont des Oliviers, au moins nous n'étions plus grillés comme dans le Rhôr. A la porte Saint-Étienne, nous avons laissé nos chevaux et regagné l'hôtel Hauser à pied, afin d'éviter les chûtes sur l'affreux pavé de la ville. J'ai envoyé Antoun porter mes amitiés à Barrère et lui annoncer notre heureux retour; il l'a trouvé un peu souffrant, et a reçu de ses mains notre courrier de France. Comme nos bagages ne devaient arriver que longtemps après nous, nous avons pris du repos à notre aise, et attendu leur venue pour sortir de nos guenilles de voyage.

Voilà la partie difficile de notre expédition terminée, grâce à Dieu! Maintenant, il s'agit d'étudier à fond Jérusalem et ses monuments. Salzmann, qui est infatigable, n'a pas comme ses amis fait le paresseux. A peine arrivé à l'hôtel, il a couru chez Mauss, afin d'avoir des nouvelles de nos fouilles au tombeau des Rois. On se rappelle que le pacha m'avait gracieusement promis de faire lui-même déblayer ce curieux monument. Mais on doit se rappeler aussi que, comptant peu sur les effets de cette promesse, j'avais prié Mauss de prendre ses dispositions, afin qu'après quelques jours d'attente, des ouvriers à moi allassent s'établir sur le terrain et commencer les travaux. Bien m'a pris de décider tout cela avant de partir. Mon contre-maître a attendu huit jours, sans voir poindre le bout du nez d'un terrassier envoyé par le gouvernement; et au bout de ces huit jours, consacrés à faire le métier de sœur Anne chez Barbe-Bleue, il s'est bravement mis à la besogne et a vigoureusement entamé le gros tertre placé devant le vestibule du monument, dans la grande cour intérieure. J'espérais que ce tertre nous restituerait les débris du monument expiatoire d'Hérode, et mon espérance n'a pas été déçue.

Ces débris, si ardemment désirés, sont déjà retrouvés, et leur ornementation, de caractère purement romain du Haut-Empire, n'a rien, absolument rien de commun avec celle du monument taillé dans le rocher. Bientôt nous irons voir cela. Mauss est revenu dîner avec nous, ce qui ne m'a pas empêché de faire ma nuit la plus longue possible.

Pour ne pas morceler les études relatives aux principaux monuments que l'auteur de ce livre a étudiés à Jérusalem, nous renonçons momentanément à la forme de Journal, donnée jusqu'à présent à ces récits.

SÉJOUR A JÉRUSALEM

FOUILLES DU TOMBEAU DES ROIS

Je ne crois pas m'aventurer beaucoup, en avançant qu'il est peu de questions archéologiques qui aient aussi vivement que celle-ci passionné le public, indépendamment des gens qui ont pris part à sa discussion. Jamais tempête de dénégations ne s'est élevée, pareille à celle que j'attirai sur ma tête d'antiquaire, lorsqu'il y a treize ans, j'osai énoncer ce fait, que les Qbour-el-Molouk de Jérusalem étaient la cave sépulcrale qui avait reçu les dépouilles mortelles des rois de Juda. « Lisez l'Écriture Sainte ! me cria-t-on. Vous la faussez, en prétendant que ces monarques n'ont pas été enterrés dans la cité de David, et par conséquent sur le mont Sion. Tout cela est moderne relativement ; tout cela date de l'époque romaine. » Et si l'on ne m'a pas dit en toutes lettres que j'étais un visionnaire ou un idiot, c'est qu'on a usé à mon endroit d'égards dont je devrais me montrer fort reconnaissant. Grand merci !

Lorsqu'au retour de mon dernier voyage, je racontai, le plus brièvement que je pus, devant l'Académie des inscriptions et belles-lettres, les heureuses découvertes que j'avais eu la chance inespérée de faire dans mes fouilles du Tombeau des Rois, l'un de mes savants confrères, le plus autorisé de tous, sans contredit, lorsqu'il s'agit d'archéologie hébraïque, m'adressa à brûle-pourpoint la question suivante : Croyez-vous toujours que les Qbour-el-Molouk soient les tombeaux des rois de Juda? Je lui répondis par ces mots : Plus que jamais aujourd'hui. C'est cette réponse que je dois maintenant justifier.

Je l'ai déjà dit plus haut; pendant mon excursion au delà du Jourdain, le contre-maître des travaux de l'église Sainte-Anne avait établi pour mon compte, aux Qbour-el-Molouk, une demi-douzaine de vigoureux terrassiers musulmans, que secondaient une douzaine d'enfants, chargés de transporter dans des couffes les terres des déblais.

Une première et large tranchée fut ouverte en avant du vestibule du tombeau; elle avait un double but. Elle devait d'abord rendre impossible dans l'avenir les odieuses mutilations que les touristes, depuis plusieurs années, faisaient subir aux sculptures de la façade; en second lieu, elle devait rechercher les traces du monument expiatoire d'Hérode, dont j'espérais retrouver les débris. A coup sûr, je n'en savais pas plus long que mes contradicteurs, quand je leur prédisais ce qui se trouverait sous les terres accumulées dans cette grande cour; et si j'avais le ferme espoir d'en tirer ce que j'y allais chercher, ils devaient avoir, avec la même fermeté de conviction, l'espérance égale que je ne trouverais rien du tout. N'a-t-on pas, jusqu'au jour de mon départ, affirmé et offert de parier que je ne retournerais pas à Jérusalem? Ceux qui se complaisaient dans ces idées ne me connaissaient guère. Ce que je tiens à bien constater, c'est que j'avais prédit que dans la cour des Qbour-el-Molouk se cachaient les débris d'un édifice d'un style prévu, c'est-à-dire ceux du monument expiatoire d'Hérode. Ce résultat ne se fit pas attendre, puisque, le jour même de ma rentrée à Jérusalem, Salzmann et Mauss purent m'annoncer que deux beaux fragments de corniche hérodienne, d'une pierre différente de celle dans laquelle les tombes étaient creusées, avaient été retirés des fouilles, et qu'ils venaient de donner l'ordre de les transporter à Sainte-Anne, ce qui revient à dire en France. En même temps que j'apprenais cette bonne nouvelle, il m'en arrivait une autre beaucoup moins agréable. Un assez grand nombre d'effendis, aussitôt que les fouilles avaient commencé, s'étaient présentés à mes ouvriers et leur avaient enjoint de cesser leurs travaux, parce qu'ils étaient les propriétaires du terrain, et qu'ils n'entendaient pas qu'on se permît d'y remuer un pouce de terre sans leur assentiment. Naturellement, on les avait envoyés promener, et leur promenade s'était tout naturellement aussi dirigée du côté du séraï; ils avaient exposé leurs griefs et leurs titres au pacha, et celui-ci, qui s'était chargé d'entreprendre à ses frais, et pour m'être agréable, les fouilles des Qbour-el-Molouk, avait donné l'ordre de suspendre les travaux commencés par mes hommes. Un des soi-disant propriétaires avait dit à Salzmann qu'il ferait placer une porte à la caverne, dût-il lui en coûter mille piastres, et que personne n'y entrerait plus désormais. C'était une question à traiter devant le pacha, et je chargeai notre brave consul d'entamer le plus vite possible les négociations nécessaires.

Dès le lendemain matin, je me rendis en personne au Tombeau des Rois, accompagné de Salzmann; à mon arrivée, je trouve deux hommes, dont l'un est occupé à recombler le puits d'entrée que mes ouvriers ont à peu près déblayé, et qui n'est qu'une espèce de cuvette sphérique, profonde d'un mètre cinquante centimètres environ. L'autre fait mieux que cela; il est en train d'entamer, à coups de pic, le montant droit de la porte d'entrée de la première chambre, afin d'y adapter une clôture. On comprend facilement de quelle rage je suis pris à la vue de cette mutilation. Je ne perds pas une minute; je rentre en ville, et cours chez le consul, qui est souffrant et forcé de garder le lit. Mais M. Ledoulx me reçoit, et je lui chante pouilles en l'honneur de Kourchid-Pacha. Je suis assez exaspéré pour parler haut et ferme, et l'excellent M. Ledoulx court à l'instant même chez le pacha pour lui annoncer ce qui se passe, et lui bien dire, de ma part, que je ne permettrai pas que l'intérêt manifesté par moi, lorsqu'il s'agit d'un monument historique confié à sa garde, se traduise par une odieuse mutilation. Je me plaindrai donc immédiatement à Paris et à Constantinople, et tant pis pour ceux qui n'auront pas fait leur devoir.

Je présumais que Son Excellence serait fort ennuyée de cette communication, sur laquelle elle ne comptait guère. Je ne me trompais pas. Le Pacha s'est hâté de répondre qu'il était entièrement à mon service, et qu'il ferait tout ce que je désirais. Sur l'heure, il a dépêché aux Qbour-el-Molouk quelques zaptiés, qui ont pris les deux ouvriers des propriétaires par les épaules, et les ont envoyés travailler où bon leur semblerait, à condition que ce fût ailleurs. Kourchid-Pacha avait réellement à cœur de m'être agréable. Après bien des pourparlers, il a été convenu que j'indemniserais les propriétaires du terrain, que l'un d'eux assisterait constamment aux fouilles, et que je pourrais reprendre celles-ci aussitôt que je voudrais. Je ne me le suis pas fait dire deux fois, car déjà huit jours s'étaient écoulés.

Mes six terrassiers et mes douze gamins furent réinstallés aux Qbour-el-Molouk, et à partir du samedi 28 novembre, tout alla à souhait.

Les déblais effectués continuèrent de donner d'excellents résultats. Nous trouvâmes des tronçons de colonnes, un fragment de pilastre d'ante, d'autres morceaux de corniche, et entre autres un bloc considérable, représentant l'angle même du monument expiatoire d'Hérode, et offrant exactement le même profil et la même ornementation que les deux beaux fragments déjà transportés à Sainte-Anne. Presque tous ces débris appartiennent à un seul et même édifice. Les autres sont ceux du monument funéraire lui-même, et ils ont été brisés et renversés par un tremblement de terre, à moins que ce ne soit la brutalité humaine qui les ait abattus.

Une fois les restes du monument expiatoire retrouvés, j'ai pensé devoir en chercher l'emplacement, mais la surface de la plate-forme ne m'a pas présenté la moindre trace qui pût en indiquer la position primitive. Je commençais à trouver ce fait inexplicable, lorsque l'idée m'est venue de relire le passage de Josèphe, relatif à la construction de cet édifice. « Hérode perdit deux de ses doryphores, des « flammes sorties des caveaux, à ce que l'on « prétend, les ayant enveloppés. Le roi épou- « vanté s'enfuit, et pour apaiser la colère de « Dieu, il fit construire à grands frais, au- « dessus du vestibule du sépulcre, un monu- « ment en pierre blanche. » Ces mots étaient un trait de lumière; je plaçai mes ouvriers sur la plate-forme qui domine le vestibule, et en moins d'une heure, j'avais trouvé ce que je cherchais.

Pour en finir avec les fouilles extérieures du Tombeau des Rois, j'ajouterai qu'au niveau des marches du grand escalier, et vers la partie la plus basse, ont été trouvées deux monnaies juives de cuivre, de celles que j'ai attribuées au pontificat de Yaddous, contemporain d'Alexandre le Grand. L'une, qui est très-bien conservée, est un quart de sicle, et l'autre, la monnaie plus petite, sans indication de valeur, est de la même série et appartient à l'année 4 de l'autonomie judaïque.

On conçoit que, si j'avais le désir de bien reconnaître les parties extérieures de ce magnifique monument, j'étais bien plus avide encore d'en nettoyer tout l'intérieur. Ce travail urgent a été entrepris et mené à bonne fin avec un soin extrême.

La chambre dans laquelle on pénètre, lorsqu'on a franchi l'entrée qui jadis était défendue par un disque de pierre, était encombrée de terre et de pierraille, formant contre les parois un amas énorme, dans lequel j'espérais trouver des fragments de sarcophages primitifs, dignes d'être recueillis. Mais au lieu de ces fragments de sculpture que je m'attendais à rencontrer, j'ai eu la bonne fortune de voir surgir ce à quoi certes je ne m'attendais guère. En enlevant les terres, en rencontra une foule d'objets de l'époque romaine, entre autres un très-grand nombre d'urnes de toutes dimensions, remplies d'ossements incinérés; force fioles de verre dites lacrymatoires, force petits vases en forme d'aryballes, force lampes de terre cuite, romaines ou en coquille, comme les lampes qui se vendent encore aujourd'hui dans les bazars de Jérusalem; quelques débris de métal, provenant d'une poignée d'armes, de fibules, de chaînettes, etc., etc., et une petite figurine en pierre do la triple Hécate; enfin des ossements, appartenant à quelques cadavres qui ont été enterrés, en petit nombre relativement, avec les Romains soumis à l'incinération.

Toutes les terres, tirées du vestibule et des

autres chambres des Qbour-el-Molouk, ont été tamisées avec soin, dans la grande cour, afin qu'aucun objet intéressant ne pût échapper aux recherches. C'est ainsi que plusieurs centaines d'objets funéraires, entiers ou fragmentés, ont été recueillis et rapportés par moi. Mais ce soin même devait, comme on le verra tout à l'heure, donner naissance à bien des embarras et à des difficultés qui n'ont pas tardé à se manifester, et qui, Dieu merci! n'ont abouti à rien de grave ni de fâcheux.

La population juive de Jérusalem est, sans contredit, la population la plus oisive de toutes celles de la terre; chaque jour donc, pendant que les fouilles se poursuivaient, des juifs, par petites troupes, essayaient de pénétrer dans la grande cour du monument, et surveillaient tout ce qui s'y passait. Je suis loin de les en blâmer; mais comme je ne voulais à aucun prix que mes recherches fussent entravées, d'accord avec les propriétaires du sol et du monument, j'en interdis l'accès à tout le monde, aussi bien aux chrétiens et aux musulmans qu'aux juifs, et deux des nègres du Haram-ech-Chérif furent établis à poste fixe aux Qbour-el-Molouk, afin d'en écarter jour et nuit quiconque, sans mon autorisation préalable, essaierait d'y pénétrer. A partir de ce moment, le champ supérieur, opposé au vestibule, fut constamment occupé par un groupe de juifs qui, d'en haut, examinaient avec la plus grande attention tout ce qui se passait dans la cour. Les couffes de déblais, vidées par centaines chaque jour devant eux, contenaient autant d'ossements brûlés de soldats romains que de véritable terreau, et ces ossements brûlés devinrent, du premier coup, pour eux, les restes de leurs pères, au lieu des restes des soldats qui avaient écrasé et détruit leur nationalité dix-huit siècles auparavant. Je ne fus plus dès lors qu'un affreux profanateur, voué à toutes les malédictions d'Israël, et l'orage alla grossissant, sous l'impulsion de certains personnages, dont je ne veux pas m'occuper, et que le succès de mes fouilles était loin de satisfaire. On prépara donc sous main une manifestation très habilement ourdie, et qui devait aboutir, on l'espérait du moins, à un insuccès complet pour moi. Je raconterai tout à l'heure les suites passablement ridicules de cette perfidie masquée; mais comme je ne nommerai personne, se reconnaîtra qui voudra sous mes réticences ; peu m'importe.

Dans les déblais se rencontrèrent deux petits bijoux d'or fin. Ils présentaient à leur surface inférieure de petits anneaux dont la destination est manifeste. Ils servaient à passer les fils d'attache, qui devaient fixer, comme appliques, ces petits ornements d'or sur une étoffe quel-

Coffret à bijoux trouvé dans le tombeau des Rois (P. 237).

conque. Ceci est un fait indubitable, et chacun peut s'assurer de sa réalité dans les vitrines du musée du Louvre. Nous découvrîmes également de petites caisses de calcaire tendre, avec couvercles mobiles de même matière, pourvues de quatre petits pieds aux angles, peintes en rouge, et dont les surfaces extérieures étaient ornées de rosaces tracées au compas. Ces caisses n'ont certainement pas contenu de débris humains, elles sont trop petites pour cela.

J'en ai le premier signalé l'usage. Elles contenaient des objets de prix à l'usage des défunts, et se renfermaient dans les sépulcres. Elles remontent, selon toute apparence, à une haute antiquité.

Un matin, Pierre, mon contre-maître, vint en hâte m'avertir qu'en déblayant le vestibule, on venait de reconnaître, à droite de la porte d'entrée, et sous un amoncellement de pierrailles et de terres, une porte encore inconnue. On comprendra qu'à cette annonce le cœur me battit un peu fort. Nous y courûmes aussitôt; tous les remblais furent enlevés, et nous pénétrâmes dans une chambre que nous nous plaisions à supposer inviolée. Grande était notre émotion, je l'affirme, en nous y glissant. Tout y était bouleversé. La cuve du sarcophage avait été brisée et dérangée de sa place primitive; le fond seul en était intact, toutes les parois latérales ayant été dépecées comme avec rage et à coups de masse. Le couvercle seul était entier et gisait à côté de la cuve. Il ne présentait aucun ornement. Rien, absolument rien, ne méritait l'attention d'un antiquaire.

Mais à quelle époque cette chambre avait-elle été découverte pour la première fois et dévastée de cette façon barbare? Nous ne tardâmes pas à être tirés d'incertitude sur ce point. Quelques fragments de papier furent aperçus et ramassés par Salzmann dans le fond même de la cuve, et nous partîmes d'un immense éclat de rire. Voici ce qu'étaient ces morceaux de papier, que j'ai précieusement recueillis et conservés, malgré le peu de respect qu'ils dussent m'inspirer.

Le premier était un fragment d'adresse de lettre arabe, peu lisible; le second contenait ceci :

. . . . IN FINANCIER. La bourse finit-
. . . . d'hui assez tristement. Les ache-
. . . . ragés de leurs tentatives réitérées
. . . . emblent se résigner à attendre la
. . . . plutôt disposés à réaliser qu'à
. . . . s positions.

Le troisième morceau était un fragment de feuillet d'un livre ou d'un journal anglais avec les traces d'une gravure.

Cela suffisait pour nous apprendre que cette chambre avait été ouverte depuis très peu d'années. Mais par qui? Était-ce par un Français? Était-ce par un Anglais? La visite que j'ai faite plus tard au musée de la Société littéraire de Jérusalem m'a donné le mot de l'énigme. Il est évident aujourd'hui pour moi que quelque membre zélé de cette société littéraire a le premier découvert la chambre que nous venions de retrouver; que, furieux de rencontrer un sarcophage dans lequel il n'y avait probablement plus que quelques ossements ou de la poussière humaine, il aura, dans sa mauvaise humeur, brisé la caisse qu'il ne pouvait emporter, respecté le couvercle qu'il ne pouvait briser, et fait pis encore que cela dans la chambre violée par lui; (mes vilains petits papiers sont encore là pour le prouver).

Et maintenant, un mot! Depuis mon départ de Jérusalem, il n'est pas d'invectives, pas d'injures, pas de malédictions que l'on ne m'ait prodiguées dans les journaux d'Angleterre. Je suis dénoncé comme un violateur de tombeaux, un profanateur éhonté! C'est une affaire entendue! J'ai trop profondément méprisé toutes ces attaques pour prendre la peine d'y répondre un seul mot. Quelques-uns de mes amis, et, Dieu merci, j'en compte un assez respectable nombre parmi les hommes de science de ce pays, se sont évertués à plaider ma cause. Je les en remercie du fond de l'âme; mais, en vérité, ils ont eu de la bonté de reste.

Ah! je suis un profanateur de tombeaux! ah! je trouble les morts dans leur sommeil éternel! Veuillez donc me dire, messieurs mes accusateurs, ce que vous avez fait, ce que vous faites et ce que vous continuerez de faire, pour enrichir votre splendide British Museum? Qu'ont donc fait messieurs Wilkinson, Fellows, Weyse, Loftus, Layard, Newton et S. A. R. le prince de Galles lui-même, en Égypte, en Asie Mineure, en Chaldée, en Assyrie, et partout? Que font donc chaque année vos illustres sociétés archéologiques, dans les cimetières antiques de l'Angleterre elle-même? Qu'a donc fait le révérend quelconque, je ne veux pas chercher son nom, qui a découvert, aux Qbour-el-Molouk, la chambre que je viens de décrire, et qui y a laissé sa *carte de visite*? Allons, allons, messieurs, calmez-vous lorsqu'il s'agit de moi, ou bien adressez vos indignations de commande à vos propres compatriotes.

J'avais acquis la preuve qu'une chambre basse communiquait avec le vestibule intérieur. Il était dès lors probable qu'il en existait aussi une qui correspondait à la seule chambre où personne n'avait encore rien découvert. Il fallait donc la chercher, la bien chercher, et avec obstination, cette chambre inviolée; car peut-être y ferions-nous quelque importante trouvaille, capable d'éclairer grandement la question si controversée de l'origine du monument. Le plus intelligent de mes ouvriers arabes, Antoun Abou-Saouïn fut chargé de cette mission, avec recommandation expresse de sonder partout la pierre avec la lame de son couteau. Ce qui fut dit fut fait, et le mardi 8 décembre, à la première heure, le brave Pierre vint m'avertir qu'Antoun avait reconnu un joint dans la banquette, et qu'il y avait grande apparence que nous tenions enfin notre caveau inconnu. Jugez de ma joie! Je m'habillai en hâte, et je priai Pierre de courir au tombeau, pour empêcher toute nouvelle recherche jusqu'à mon arrivée.

Sur ces entrefaites, M. V. Guérin vint me prendre à l'hôtel; je lui annonçai la bonne nouvelle que je venais de recevoir, et dont j'avais déjà prévenu Gélis et Gaillardot; tous les quatre nous nous dirigeâmes le plus promptement possible vers les Qbour-el-Molouk. Une fois là, il s'agissait de détourner l'attention des ouvriers et celle du propriétaire du terrain qui, chaque jour, arrivait le premier et ne quittait la place que le dernier. Je pris donc l'air le plus indifférent que je pus; je ne descendis pas dans les caveaux; et, réunissant tout mon monde, je le portai au-dessus du vestibule, au point où je voulais reconnaître la base du monument expiatoire. Pierre et Antoun, restés seuls avec Gaillardot et M. Guérin dans l'intérieur du sépulcre, procédèrent en hâte à l'enlèvement de la dalle encastrée dans la banquette ; quelques pesées vigoureuses, faites à l'aide d'une forte pince de fer, descellèrent cette dalle qui, une fois retournée, fut reconnue pour un fragment d'une de ces belles portes de pierre ornées, qui avaient fermé jadis toutes les entrées des caveaux et des tombes elles-mêmes.

La dalle verticale fut bientôt chavirée, et derrière elle se présentèrent quelques hautes marches d'escalier. On attendit quelques instants pour permettre à l'air de pénétrer au delà ; puis, lorsqu'il n'y eut plus rien à craindre, les bougies restant allumées, Gaillardot, M. Guérin et Pierre se glissèrent dans le caveau qu'ils venaient d'ouvrir. Devant eux se présenta un sarcophage intact, muni de son couvercle en toit et placé dans une arcade faisant face à l'entrée.

A peine tout cela eut-il été jugé d'un premier coup d'œil, que M. Guérin vint auprès de moi, qui fumais tranquillement à côté de mes ouvriers : « Un sarcophage intact, me dit-il, et une inscription ! C'est le plus beau fleuron de votre couronne ! »

A cette annonce, je perdis un instant la tête ; je plantai là tout mon monde, et je me précipitai vers le caveau, où je descendis en toute hâte, suivi de M. Guérin. J'y retrouvai Gaillardot et Antoun. Je me hâtai de copier tant bien que mal l'inscription à la faible lueur de nos bougies, et je constatai que le couvercle du sarcophage était scellé à la cuve avec le même ciment qui scellait, dans la porte d'entrée, la dalle rectangulaire au-dessus de laquelle on avait trouvé des ossements humains. Cela fait, je remontai tout ému, et je priai Gélis de descendre aider Gaillardot et Antoun à ouvrir le sarcophage, et à recueillir tout ce qui pourrait s'y trouver. Mais auparavant il était important d'écarter le propriétaire, qui ne se doutait encore de rien; j'appelai donc celui-ci et je le chargeai de porter un mot à Salzmann et à Mauss au Haram-ech-Chérif. Par ce mot, je les priais d'accourir sur le champ au Tombeau des Rois, avec tout ce qu'il fallait pour prendre un estampage; comme j'accompagnai le billet d'une pièce de cent sous, mon petit ami le propriétaire partit comme une flèche dans la joie de son âme; nous en avions pour une bonne demi-heure de liberté.

J'ai déjà dit que j'avais un peu perdu la tête. En voici la plus magnifique preuve. Au moment où Gélis allait descendre au caveau, je lui remis un pistolet de poche, en lui recommandant de s'en servir contre le premier indiscret qui viendrait le déranger. Gélis me rit au nez, mit le pistolet dans sa poche, et disparut. Aujourd'hui je crois très sincèrement que j'ai eu là un moment d'aliénation mentale.

En quelques minutes, qui me parurent un siècle, le tour fut fait. Le scellement de ciment n'existait qu'à la face antérieure du sarcophage. Des bois et des couffes furent disposés pour éviter un malheur, et le couvercle, descellé et culbuté sans recevoir une égratignure, fut descendu sur le sol de la chambre. Une fois enlevé, il laissa voir un squelette bien conservé, la tête appuyée sur un coussinet ou dormitoire ménagé dans la masse au fond de la cuve. De l'occiput aux extrémités des pieds, qui avaient dû se déverser par suite de la décomposition des chairs, le cadavre mesurait $1^{m},60$; il était donc de très petite taille. Toute la partie antérieure de la tête s'était effondrée et était retombée dans le fond de la boîte osseuse. Gélis, à qui j'avais recommandé de conserver précieusement la tête au moins du squelette, s'il s'en trouvait un, comme cela paraissait probable, passa le plus délicatement qu'il put les deux mains sous le crâne, et, à l'instant même, tout s'affaissa et disparut comme par enchantement, ne laissant au fond de la tombe qu'une longue tache de terreau brunâtre, mêlé d'esquilles.

Ces messieurs recueillirent alors avec un soin extrême toute cette poussière, et ils purent constater que, le long du côté gauche du cadavre, il y avait des milliers de petits fils d'or tordus, d'une ténuité extrême, qui avaient dû faire partie d'une bande d'or, bordant un linceul d'un tissu de lin assez grossier, dont quelques mailles se sont conservées seules sur un petit fragment d'os plat.

Voilà tout! pas un bijou, pas une bague, pas un collier. Rien, absolument rien. Maître Hérode avait passé par là, et je dois dire qu'il avait fait les choses en conscience.

Aujourd'hui, ce monument inappréciable est au Louvre, et chacun peut aller y vérifier l'exactitude des faits matériels que je viens de signaler.

Quant aux ossements retrouvés dans cette tombe, ils ont été religieusement recueillis, et soumis à l'appréciation de l'un des hommes les plus compétents dans la science anthropologique.

M. le docteur Pruner-Bey affirme qu'ils proviennent du corps d'une femme, et, qui plus est, d'une femme Sémite, morte jeune. Quant à l'âge présumé de l'inhumation, ce savant s'est montré d'une extrême réserve.

Mais voici un fait auquel je ne m'attendais guère, et qui me semble des plus curieux. Mon ami Mohammed-es-Safedy, qui était avec moi aux Qbour-el-Molouk, lors de notre belle découverte, descendit pour voir le sarcophage en place, et, en remontant, il m'annonça carrément que c'était la tombe d'une femme.

— Qu'en sais-tu? lui dis-je.

— Sa forme seule le prouve. Chez nous, les tombes des hommes ont le toit arrondi; les tombes des femmes ont le toit pointu; cet usage remonte aux temps les plus reculés. »

Je ne fis pas grande attention, je l'avoue, à l'assertion de Mohammed; j'avais, au premier coup d'œil, lu deux fois le mot *melek*, « roi » dans l'inscription de mon tombeau, et je m'accrochais de toutes mes forces à l'espoir d'avoir mis la main sur la tombe d'un roi de Juda. Mais laissons cela pour un instant.

En même temps que j'envoyais le propriétaire du terrain au Haram-ech-Chérif, je priais M. Guérin de se rendre immédiatement au consulat, afin de prévenir Barrère de ma bonne fortune, et de le prier en grâce de venir sur le champ constater de ses yeux l'importance de ma nouvelle découverte. Je voulais dresser un procès-verbal authentique de cette affaire, et la présence du consul était indispensable. En moins d'une heure, tout mon monde fut réuni; je n'avais plus de secret à garder, puisqu'il n'y avait pas un objet précieux, scientifiquement parlant, à mettre dans ma poche.

Je laissai donc courir, sans aucun scrupule, la nouvelle de ma trouvaille, et ce fut comme une traînée de poudre; une heure après, tout Jérusalem en était informé. Je ne manquai pas d'envoyer immédiatement prévenir S. E. Kourchid-Pacha de ce qui venait de se passer, en lui faisant bien dire à l'avance que j'entendais emporter mon sarcophage à Paris.

Le procès-verbal fut dressé et signé de tous les assistants.

Mais, me dira-t-on, que signifie cette précaution? Le voici : J'ai certainement, et je m'en glorifie, beaucoup plus d'amis que d'ennemis; mais je sais parfaitement aussi que je n'ai pas que des amis. Il y a bien des choses, dans ma vie de savant *patenté*, qu'on ne me pardonne pas facilement. J'ai peut-être, et ceci, je m'en vante, plus travaillé que bien d'autres; ce que l'on ne peut guère me contester, c'est que j'ai souvent payé de ma personne pour aller, en risquant ma peau, chercher des faits nouveaux, et que par suite j'ai pu, par-ci par-là, faire des découvertes que le premier venu, avec la même bonne volonté et le même dévouement, aurait faites tout aussi facilement que moi. Mais, voici le diable! pour faire des découvertes, il faut voyager; pour voyager, il faut se déranger et s'exposer. Merci! Donc je suis un être insupportable pour bien des gens, et comme il n'y a pas d'assertion, si malhonnête qu'elle soit, dont, avec de pareils sentiments, on n'essaie de se faire une arme, on a, je le sais pertinemment, poussé l'amabilité à mon endroit jusqu'à tenter de dire qu'à mon premier voyage, je n'avais pas exploré les bords de la mer Morte, et qu'au voyage que je viens de terminer, je n'avais pas mis le pied de l'autre côté du Jourdain. Braves gens ! que Dieu vous pardonne et vous tienne en joie ! On voit donc qu'il n'y avait rien de superflu à faire signer, par devant le consul, ce procès-verbal, qui devait ôter aux mêmes personnes la tentation de m'attribuer carrément l'invention et la fabrication du texte inscrit sur la tombe que je venais de conquérir pour notre beau musée du Louvre. Voilà l'unique raison pour laquelle je tenais à me munir de cette pièce authentique.

Maintenant, je puis aborder la discussion de l'inscription mise au jour par moi, et émettre mes idées sur son compte.

Il ne faut pas être grand clerc en archéologie pour reconnaître, à première vue, que ce tombeau n'est qu'ébauché, qu'épannelé, pour me servir d'un terme de métier. Jamais sarcophage n'a été taillé avec plus de négligence, ni traité avec plus de sans façon. Les parties qui gênaient pour sa mise en place, on les a brutalement abattues à coups de masse. Les disques placés sur les faces sont grossiers. Très probablement, ils étaient destinés à devenir d'élégantes rosaces ; mais cette bonne intention s'est arrêtée en chemin, et il est certain *à priori* qu'un sarcophage royal, car il

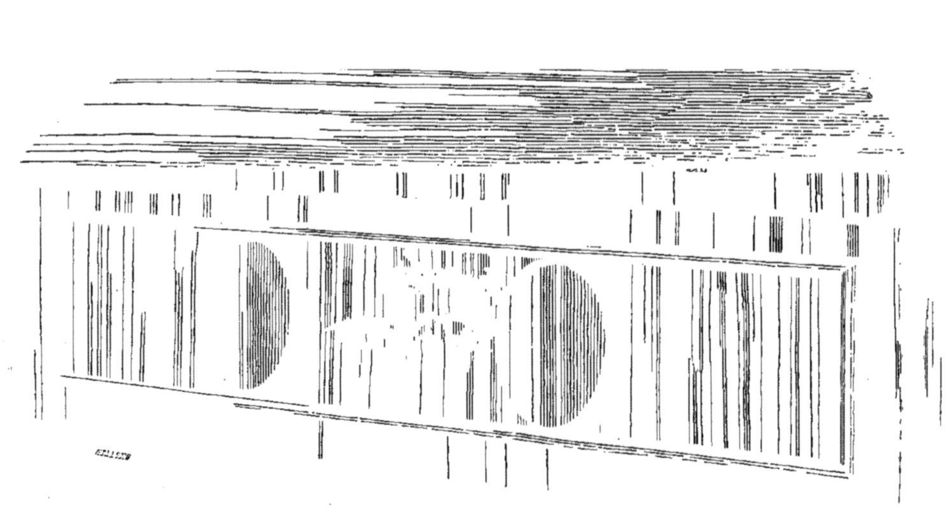

est tel, n'a pu être taillé de la sorte que dans un temps de troubles, qui n'ont pas permis de l'achever ni de lui donner la dernière main.

Cela posé, à quelles écritures avons-nous affaire? Pour la seconde ligne, la réponse n'est pas douteuse; c'est de l'hébreu, et de l'hébreu carré, ou peut s'en faut. Pour la première ligne, MM. de Longpérier, Renan et Bargès se sont chargés de dire avant moi que c'était du syriaque et même de l'estranghelo. J'en demeure d'accord, mais en faisant toutefois quelques réserves, c'est que le nom qu'elle contient est illisible et qu'elle appartient probablement à la langue syriaque-aramit dont parle le livre des Rois.

La seconde ligne dit : SARAH, REINE.

Voilà donc une catacombe royale; cela ne peut plus être discuté; elle a été dépouillée des objets précieux qu'elle renfermait avec les cadavres royaux, et cela avant le siége de Titus. Or, il est une catacombe royale, sur le compte de laquelle nous savons, de science certaine, que deux faits de cette nature se sont accomplis. L'un de ces faits, le dernier, a amené la construction, au-dessus du vestibule, d'un monument expiatoire ; ce monument, j'en ai retrouvé les débris et la place à point nommé, et l'on me demande si je crois encore que les Qbour-el-Molouk soient les tombeaux des rois de Juda? Oui, cent fois, oui; plus que jamais, oui!

Mais, à quelle époque faire remonter la tombe en question? Voilà un problème moins aisé à résoudre. La reine dont elle a contenu les restes était une Araméenne. Son nom et son titre ont été inscrits en lettres araméennes sur la cuve du sarcophage; plus tard, je ne sais quand, une seconde main a transcrit et traduit en hébreu la légende funéraire; cela est positif.

Dès le 9 au matin, les Juifs affluaient au Tombeau des Rois; on voit que la nouvelle de ma découverte avait promptement fait son petit chemin. Mes deux nègres et mes ouvriers les chassèrent impitoyablement; ils coururent chez le pacha se plaindre de ce que je dérangeais leurs glorieux ancêtres. Prévenu de cela, je me rendis, avec Gaillardot, chez Barrère, afin de le prier d'envoyer immédiatement Hanna Carlo au seraï, demander ce que l'on voulait de moi. Il revint en hâte m'annoncer que le pacha, ennuyé des plaintes qu'on avait formulées devant lui, avait décidé qu'il se rendrait en personne au Tombeau des Rois, pour juger par lui-même de la valeur de ces plaintes. J'y courus au plus vite, et l'attendis peu de temps, car à peine étais-je arrivé sur le terrain, qu'une longue file de cavaliers parut, ayant à sa tête S. E. Kourchid-Pacha, auquel je fis l'accueil le plus poli que je pus. Il était accompagné du muphti, du cadhi, et d'un rabbin délégué par les Juifs allemands; je note cela, parce que les Juifs allemands seuls ont voulu jouer un rôle dans cette affaire, tous les autres s'étant tenus cois. L'inscription du sarcophage pouvait nous jouer un méchant tour, si elle était aperçue par l'excellent rabbin; en conséquence Salzmann, saisissant une poignée de terre glaise dans le tas qui servait à mouler, par mon ordre, les principaux motifs de la belle frise extérieure, se glissa dans le caveau découvert et emplâtra si bien l'inscription qu'on n'en voyait plus trace. Quelques minutes après, tous les hauts personnages entraient dans le sépulcre, et le rabbin, en grattant avec les doigts, découvrait la seconde lettre de la première ligne. — Voilà un daleth, s'écria-t-il. — Eh bien! qu'est-ce que cette lettre signifie? dit le pacha. — Je n'en sais rien. — Vous vous trompez; c'est une cassure; il n'y a rien d'écrit.

Heureusement, il fait à cette époque de l'année une chaleur mortelle dans ces caveaux; après un quart d'heure de séjour, tout le monde suait et soufflait si bien, qu'on se hâta de revenir au grand air. Alors commença le plaidoyer du rabbin. — C'est ici un lieu saint pour nous, fit-il. — J'en suis charmé, lui répondis-je; est-il votre propriété, ou contestez-vous aux propriétaires le droit de faire de leur terrain ce qu'ils veulent, et de le louer, si bon leur semble? — Non; mais c'est ici qu'est enterré Kelbah-Cheboua, un saint prophète. — Pardon; ce nom signifie « la chienne qui rassasie, » et si c'est là le nom d'un de vos prophètes, vous leur donnez de drôles de noms, convenez-en; celui-là n'est pas précisément respectueux; Kelbah, d'ailleurs, veut dire chienne; ce ne serait donc pas un homme. — Mais le Talmud dit... — Je ne discute pas ce que dit ou ne dit pas le Talmud. Êtes-vous ici chez vous ou chez des musulmans? — Mais... » Le pacha commençait à faire la grimace; il était clair que les prétentions du docte talmudiste n'étaient pas de son goût. Celui-ci alors se baissa, et ramassant une poignée d'ossements calcinés, il les fit voir au pacha, avec des larmes dans la voix et des tremblements superbes dans la main. — Voyez, dit-il, ce sont les os de nos pères. — Est-ce que vos pères brûlaient les os de leurs morts? — Non. — Ceux-là sont brûlés, mon bonhomme; ce sont donc les os des Romains, qui ont si bien éreinté vos pères! » La patience m'avait échappé, et je n'étais plus parfaitement parlementaire. Mon rabbin, y regardant de plus près, ne put se dispenser de reconnaître qu'il avait entre les doigts des ossements calcinés, et il les rejeta avec horreur. Et moi, je lui ris au nez, croyant en être quitte.

Erreur! — « Si ceux-là sont brûlés, il y en a d'autres qui ne le sont pas, et vous avez profané ceux-là aussi. » J'allais répondre, lorsque le pacha intervint : — Monsieur de Saulcy, me dit-il, pour couper court à ces scrupules, faites un trou et mettez tous les os dedans. » J'y consentis de grand cœur, et cette promesse une fois obtenue, le pacha déclara qu'il était suffisamment éclairé, que l'affaire était arrangée et qu'il allait se retirer. Là-dessus, il remonta à cheval, et tout le monde, y compris le rabbin, reprit le chemin de la ville. Une fois seul, je fis le serment sur les os en litige, que je ne quitterais Jérusalem que lorsque mon sarcophage serait en lieu sûr, à Sainte-Anne, par exemple, ou à Jaffa. Ce n'était pas la peine d'avoir fait une trouvaille si curieuse, pour me la voir souffler, et pour apprendre un beau matin qu'elle était dans quelque autre musée que celui de Paris.

Le soir, je tins conseil avec tous mes amis; ils m'approuvèrent quand je leur dis que je tiendrais bon, et que je mettrais plutôt le sarcophage en miettes que de ne pas l'emporter avec moi. Tous les moyens furent discutés. Fallait-il détacher la face à inscription seulement, et laisser tout le reste après avoir escamoté cette partie? Je n'y voulus pas consentir, et je déclarai que j'aurais tout ou rien. La conclusion fut qu'il fallait d'abord amener cuve et couvercle au grand jour, et sous le vestibule extérieur.

Mettre cette translation à exécution n'était pas une petite besogne. La cuve avait un poids énorme, et tel que jamais les deux plus forts chameaux du monde, avec un takhtarouân, ne parviendraient à la traîner à Jaffa. Il fallait donc, une fois sortie de son trou, la dépecer avec les plus grandes précautions, de façon à la reconstruire quand elle serait au Louvre, sans qu'il restât de traces de cette mutilation forcée.

Il a fallu plusieurs jours d'un travail opiniâtre pour amener hors des caves ces deux énormes masses, et dès qu'elles ont été tirées de leur gîte primitif, Pierre en a commencé à entamer au ciseau tous les joints, de façon à détacher les quatre faces du fond, qui sera bien assez lourd à lui tout seul.

Pendant que cela s'exécutait, les Juifs ne cessaient de tourmenter le pacha pour obtenir de lui l'ordre de laisser mon sarcophage aux Qbour-el-Molouk. Le pauvre homme ne savait plus auquel entendre. Chaque jour, quelque temps qu'il fît, car la pluie la plus affreuse avait commencé dès le 9, la vraie grande pluie de l'hivernage, les Juifs accouraient au Tombeau des Rois, se faisaient régulièrement chasser par mes hommes, et allaient assister d'en haut au dépècement de la cuve. Chaque coup de marteau leur fendait le cœur, et on les stylait d'heure en heure à essayer de nouvelles tentatives.

Je voulus me mettre en règle, et moyennant quelques centaines de piastres, je fus reconnu seul et légitime propriétaire de ma trouvaille. J'en fis prévenir le pacha, et je continuai mon opération. Tout semblait terminé, lorsque le lendemain, on vint me prévenir que le pacha avait encore une fois changé d'idée. Il avait reçu une nouvelle supplique des Juifs, par laquelle ceux-ci le prévenaient qu'ils allaient écrire au grand-rabbin de Constantinople, pour soumettre le cas à la Sublime Porte. Du coup, la moutarde me monta au nez. Je donnai à Carlo, notre drogman, avec l'assentiment de Barrère, l'ordre de se rendre immédiatement au seraï, et de prévenir le pacha que je lui laissais jusqu'au lendemain dimanche, à dix heures, pour réfléchir; qu'à cette heure je voulais une réponse, par *oui* ou par *non*, pure et simple. Kourchid-Pacha, plus ennuyé et plus perplexe que jamais, demanda que le temps de la réflexion lui fût laissé jusqu'à midi; puis il se ravisa, et dit à Carlo de venir au seraï le lendemain, à neuf heures du matin, pour connaître sa décision. On peut facilement deviner combien j'étais tourmenté.

Le lendemain, dimanche, pendant le déjeuner, Carlo, que j'attendais avec une impatience fébrile, parut enfin. Je me hâtai de monter avec lui dans ma chambre, et là, il me raconta qu'il avait fait remarquer à S. E. Kourchid-Pacha que je n'étais pas le premier venu, qu'il jouerait gros jeu, s'il cherchait à me mystifier, et patati, et patata! Si bien que le pacha prit enfin son parti ; il déclara que le sarcophage était bien à moi, mais que je le paierais 3,000 piastres, au lieu des 500 convenues; que je le ferais disparaître le plus vite possible, et que je lui donnerais deux lettres, l'une pour Fouad-Pacha, et l'autre pour Aaly-Pacha, dans lesquelles je ferais part à ces hauts personnages de toute ma satisfaction, pour les services que Kourchid-Pacha m'avait rendus dans cette affaire.

Je consentis à tout cela; mais faire enlever le sarcophage tout de suite, c'était chose impossible. La pluie affreuse, qui tombait sans intermittence depuis une semaine, avait si bien détrempé la route de Jaffa, que pas un chameau n'y pouvait faire un pas, même sans être chargé.

Mauss écrivit à d'El-Rhouty, pour lui donner l'ordre d'envoyer à Jérusalem les douze bêtes les plus robustes de son troupeau.

Les 3,000 piastres, auxquelles le pacha avait fixé le prix d'achat de mon sarcophage, furent payées devant le medjlis assemblé; et je comptais bien que les propriétaires des Qbour-el-Molouk, qui étaient devenus mes bons amis, entreraient sans difficulté en possession de la part qui revenait à chacun. J'avais compté sans les tergiversations turques.

Comme le vendredi, 18, le ciel s'était un peu dégagé, j'en avais profité pour faire une promenade. En rentrant à l'hôtel, je trouvai réunis sur la place du Qalâah mes propriétaires, qui n'avaient pas touché encore un rouge liard, et qui commençaient à craindre que la marche de la somme donnée par moi ne fût.... interrompue par le brouillard. Je les rassurai de mon mieux; je leur affirmai qu'il ne dépendrait pas de moi qu'ils ne touchassent les trois mille piastres que j'avais versées, *pour eux seuls*, entre les mains du cadhi, devant le muphti, le medjlis tout entier et le pacha, son président; j'ajoutai que le lendemain, je devais aller au seraï pour prendre congé de Kourchid-Pacha; que je m'occuperais de leur affaire dans cette visite, et qu'à cinq heures du soir, ils pourraient venir chercher la réponse que j'aurais reçue. Les pauvres gens, consolés par ces paroles, me laissèrent continuer mon chemin. Le lendemain, ils furent exacts au rendez-vous; j'avais vu le pacha dans la journée, et Son Excellence m'avait dit que mon argent ne serait remis aux propriétaires qu'après le départ des pierres. Je ne voulus pas recevoir les réclamants, n'ayant rien de bien bon à leur annoncer, et je chargeai Botros de les tranquilliser de son mieux, en leur offrant de ma part et en surérogation un petit bakhchich de quatre cents piastres, qu'ils refusèrent magnanimement... afin sans doute de me faire comprendre qu'il serait tout à fait convenable d'augmenter la dose. O bons Arabes!

Après bien des débats, j'avais enfin traité avec El-Rhouty, et franchement, cette fois, j'étais émerveillé du bon marché des choses en ce pays. Vingt francs par chameau pour venir de Jaffa à Jérusalem et retourner chargés de Jérusalem à Jaffa, certes, ce n'était pas cher! Je me dépêchai de donner quelques napoléons d'arrhes, pour le transport de ma trouvaille, et je n'eus plus d'inquiétude sur l'exécution de mon marché.

Le dimanche, 20, était, à ce qu'il paraît, le jour choisi par mes bons amis de Jérusalem pour frapper un grand coup. Le dimanche, tout le monde est en l'air, absolument comme si tout le monde était chrétien. C'était donc bien là le jour favorable, pour amener une belle petite émeute. J'étais tranquillement à déjeuner à l'hôtel, lorsque le plus vieux des propriétaires des Qbour-el-Molouk vint me prévenir qu'il y avait là-bas trois ou quatre cents hommes, armés de bâtons, de pelles, de pioches, de haches, vociférant et se démenant comme des diables dans un bénitier. Je l'envoyai immédiatement au seraï annoncer cette nouvelle incartade au pacha, et je continuai tranquillement mon déjeuner. Survint alors Pierre, essouflé et effaré, qui m'annonça que tout allait fort mal, et qu'il allait infailliblement arriver quelque malheur. Tous mes amis me supplièrent de ne pas bouger de l'hôtel, afin de pouvoir recevoir les avis qu'ils m'enverraient de tous les points, et afin surtout de ne rien compromettre, en restant à même de répondre à la minute à tout et à tous. Quoique ce parti fût vraiment le bon, il me paraissait si bien empreint de pleutrerie, qu'il fallut des instances réitérées de leur part pour que je consentisse à rester claquemuré à l'hôtel, pendant qu'ils allaient faire mes affaires.

Botros, qui à cette nouvelle est devenu hydrophobe, part le premier, suivi du brave Iskender Cobrously, qui m'est tout dévoué. J'attends! Qu'on juge de mon inquiétude et de mon impatience! Une demi-heure après, Iskender arrive en nage, et il me raconte, en riant comme un fou, que Botros et mes douze gamins ont mis en fuite l'armée des assaillants, le premier avec un moulinet de son sabre, les autres avec quelques mottes de terre. Gélis, qui a été tout droit au consulat, m'explique ce que signifie tout ce remue-ménage. Les Juifs allemands, poussés par je ne sais qui, sont allés crier à la violence devant le pacha. Sommés de montrer leurs blessures, ils les ont vainement cherchées, et, ne les trouvant pas, ils ont fini par se retrancher dans leur volonté d'enterrer avec pompe les os de leurs ancêtres, que j'ai dérangés. C'est toujours la même chanson! Ces braves gens tenaient décidément à s'infliger de leur propre gré la suprême humiliation que la Providence leur réservât, celle de rendre les honneurs funèbres aux restes de leurs vainqueurs.

Au même instant, le fils du pacha m'envoyait annoncer sa visite. Que me voulait-il? Et je n'avais pas de drogman, ce qui ne me paraissait pas un médiocre embarras, vu que je croyais être sûr qu'il ne parlait que le turc! Heureusement, je me trompais. Il savait quelques mots d'arabe, et même quelques mots de français. Il n'était pas encore chez moi, qu'El-Rhouty, mon chamelier, vint me prévenir que ses chameaux étaient arrivés, mais qu'on venait de les arrêter à la porte de Jaffa, et de les confisquer au profit des besoins du gouvernement, pour je ne sais quelle expédition guerrière envoyée à Hébron. Nouveau contre-temps, auquel il fallait parer sans perdre une minute. J'écrivis un mot à Barrère, et Gélis se chargea de le lui porter incontinent. De là, nouvelle négociation au seraï;

mais celle-ci fut lestement menée à bonne fin, et mes chameaux me furent restitués.

Enfin parut le fils de Kourchid-Pacha, jeune homme du meilleur ton et de la plus charmante politesse. Il passa une demi-heure avec moi, déplorant les ennuis incessants que l'on m'avait suscités, et m'apportant les meilleures protestations d'amitié de la part de son père. Celui-ci avait l'attention tout aimable de m'envoyer sa photographie, qu'il me priait de conserver comme le souvenir d'un ami. Je chargeai à mon tour son fils de lui adresser tous mes plus sincères remercîments, et de lui bien dire qu'il ne dépendrait pas de moi que son gouvernement ne lui sût gré de ce qu'il avait bien voulu faire dans l'intérêt de ma mission scientifique. J'appris dans cette visite que la belle cérémonie funèbre, imaginée par les Juifs allemands de Jérusalem, aurait lieu le lendemain, et que Son Excellence en personne devait y assister. J'espérais bien que tout mon butin archéologique serait en route pour Jaffa, avant l'heure fixée pour cette solennité, à la célébration de laquelle j'attachais un grand prix, comme à la plus amusante de toutes les revanches des ennuis abominables que j'avais endurés. Et de fait, cette touchante apothéose des Romains par les Juifs eut lieu à heure fixe. L'affluence fut énorme, et tout se passa dans le plus pieux recueillement. Ces bonnes gens, munis de pioches et de tamis, criblèrent le plus de terre qu'ils purent, afin d'en séparer les os de leurs vainqueurs, sur lesquels ils pleurèrent beaucoup, en priant l'Éternel d'accorder toutes les joies sans fin de la vie céleste à ceux dont ils honoraient les restes périssables. Tous ces débris humains furent ensuite reportés dans les caveaux funéraires, où deux des tombes royales avaient été désignées pour les recevoir. Puis, quand tout y eut été déposé, ces tombes furent clôturées d'un mur en pierre sèche, et il se trouva que les soldats de Titus occupèrent deux tombes des rois de Juda, par les soins intelligents des arrière-neveux de ceux qu'ils avaient tués les armes à la main, égorgés vaincus, vendus comme des bêtes de somme, livrés par milliers en pâture aux animaux féroces de l'amphithéâtre Flavien. O Providence !

Enfin, Dieu merci, j'étais arrivé au bout de mes tribulations ! Le reste de la journée du dimanche se passa dans le calme le plus absolu ; mes ouvriers seuls travaillaient avec ardeur à presser le départ de mon convoi archéologique. Le soir, presque tout était encaissé, et mes chameaux, à mesure qu'ils étaient chargés, se mettaient en route. Mon ami Botros accepta la mission délicate de conduire, de surveiller et de protéger au besoin la caravane. Lorsque Pierre vint m'annoncer que tout était parti, je l'aurais embrassé de bon cœur. Un seul regret me restait, je dois le confesser. J'avais fait mouler les rosaces du couvercle de sarcophage, existant dans la seconde chambre basse, afin de les faire photographier. J'en parlai à Pierre, et je lui dis : — Comme il est fâcheux qu'on n'ait pas pu, il y a quinze jours, faire porter à Sainte-Anne le couvercle à rosaces ! C'est un beau morceau, qu'on aurait pu faire filer plus tard sur la France. — Mais il est parti, monsieur ! — Comment, parti ! Par où ? — Ma foi, je l'ai mis dans le tas, à tout risque ; je l'ai fourré dans une caisse, et il est en route pour Jaffa. »

Brave Pierre ! Il y a des gens qui entendent à demi-mot.

FOUILLES

DU HARAM-ECH-CHÉRIF

Pendant que je travaillais au tombeau des rois, je voulus simultanément pratiquer des fouilles au Haram-ech-Chérif, au pied de la triple porte murée.

Ce ne fut pas sans bien des hésitations que l'autorisation m'en fut enfin accordée. Le cheikh de la secte Schafi, qui avait une sorte d'autorité sur le terrain que je voulais entamer, s'y opposa d'abord avec une opiniâtreté intraitable ; peu s'en fallut que tout ne fût perdu. Il fallait donc employer les grands moyens : Mohammed, le cheikh de la mosquée et le cheikh des Moghrabins s'entremirent si bien auprès du récalcitrant, qu'ils finirent par le convaincre que mon seul but était de remettre en honneur les œuvres de Salomon ; ce but lui sembla louable, et il ne fit plus d'opposition. Dès lors, tout fut dit. Le pacha consentit, à la condition qu'un des effendis du medjlis serait constamment présent aux fouilles. Peu m'importait assurément, et le jeudi, 26 novembre, Hanna Carlo vint m'annoncer que j'étais libre de commencer mes travaux ; mais il était bien entendu que je désintéresserais le propriétaire du champ de choux, dans lequel j'allais installer mes terrassiers. Dès le lendemain, ils étaient à l'ouvrage, sous la direction d'un chef des zaptiés du seraï, et sous l'inspection de l'effendi Chams-ed-Dyn. Après le premier jour, on vint m'avertir que l'on avait trouvé le rocher, et un puits fermé par de grosses pierres jetées les unes sur les autres. Le pacha avait été immédiatement prévenu de cette découverte. Dans l'après-midi, aussitôt que la chaleur du jour fut un peu tombée, je me rendis à la triple porte, voulant voir par moi-même ce que pouvait être ce puits.

En arrivant, j'ai trouvé Chams-ed-Dyn comme un crin ! Il a horreur de cette fouille, et s'indigne de ce qu'on a permis à un chien de chrétien d'entamer cette terre vénérable et vénérée. Je n'ai pas l'air de m'apercevoir de sa mauvaise humeur, et après un premier coup d'œil jeté sur l'excavation déjà faite, je vais m'installer tranquillement sous un olivier, avec Mohammed, pensant bien que Chams-ed-Dyn ne tardera pas à venir nous rejoindre. Cinq minutes après, lui et le propriétaire du terrain, vieux bandit de Siloam, étaient assis à côté de nous, et la conversation s'engageait. Avant de m'y mêler moi-même, j'ai offert à tous les deux des cigares, qu'ils ne savaient par quel bout prendre; je les ai amusés en leur apprenant à les fumer; ils avaient ri et avaient accepté mon tabac; ils étaient à moi. De fait, la conversation, qui avait été un tantinet aigrelette au début, devint bientôt exempte de malveillance, et au bout d'une heure, nous étions les meilleurs amis du monde. Le propriétaire me demanda la permission d'augmenter de son fils le nombre des travailleurs, et je m'empressai d'accepter. De la sorte, le bonhomme s'assurait sa part des trésors que nous venions infailliblement chercher de si loin; et, dans tous les cas, il procurait une solde de quelques piastres par jour à monsieur son héritier présomptif. Marché bien vite conclu. Quant à Chams-ed-Dyn, nous parlâmes religion, science, histoire ancienne, et quand nous nous séparâmes, après cette première entrevue, nous nous donnâmes des poignées de main à nous désarticuler les épaules. J'étais certain désormais de faire de ce côté tout ce que je voudrais; je n'avais plus le moindre obstacle devant moi. Mon chef de zapties, d'ailleurs, s'était pris de son côté, grâce aux cigares, d'une belle amitié pour moi, et quelques dizaines de piastres, distribuées par-ci par-là, m'avaient concilié tous les cœurs. Depuis cette première visite, tout a été à souhait.

Ces fouilles donnèrent d'excellents résultats scientifiques, et, pour en finir, je dirai qu'après avoir octroyé de bons bakhchich à tout mon monde, effendi compris, j'aurais pu, je crois, si j'en avais eu la moindre envie, faire un trou dans le mur même du Haram, sans que personne songeât à trouver la chose blâmable. Deux ou trois fois, le cheikh de la secte Schafi vint, du haut de la muraille, voir où en était la fouille, et chaque fois, je l'entendis avec le plus vif plaisir exhorter mes terrassiers à bien travailler, et à faire tout ce que je leur ordonnerais, sans conserver le moindre scrupule. La morale de cela, c'est que, lorsqu'on est poli avec les musulmans, on obtient avec une grande facilité tout ce que l'on désire d'eux.

EAUX DE JÉRUSALEM

Lorsque mon savant confrère de l'Académie des inscriptions, M. Renan, dans un des rapports adressés à l'Empereur, touchant le résultat de son voyage scientifique en Syrie, écrivait que peu de jours suffisent pour épuiser la Jérusalem antique, il était sous l'empire de cette même illusion qui s'empare des touristes qui voient Rome pour la première fois. En huit jours, eux aussi, à l'aide d'un cicerone et d'un *legno* bien attelé, épuisent Rome. En une semaine, ils ont tout vu, tout compris, tout conquis, et ils quittent la capitale du monde chrétien, tentés de prendre en pitié les antiquaires, qui ont consacré leur vie entière à mal connaître Rome, et qui ont même fini par se convaincre qu'après eux, il resterait toujours et toujours des problèmes à résoudre, des découvertes à faire. Il en est de Jérusalem comme de Rome. Les problèmes y naissent à chaque instant.

L'un des plus curieux sans doute est celui que présente la question des eaux de Jérusalem. Comment cette capitale était-elle alimentée? Comment une population, qui dépassait *cent mille âmes* en temps ordinaire, et qui atteignait un chiffre bien autrement important lors des solennités religieuses, telles que la célébration de la Pâque, pouvait-elle être mise en possession de l'eau de bonne qualité, nécessaire à l'alimentation d'abord, et à tous les usages hygiéniques ensuite ?

Géologiquement parlant, le pâté de collines, sur lequel la ville est établie, est du calcaire jurassique ; les sources y sont rares et très peu abondantes. On n'en connaît aujourd'hui que quatre, situées toutes les quatre dans la vallée du Cédron. La première est la source de la Vierge, laquelle semble communiquer avec celle qui la suit, et qui est la source de Siloë. Au point où la vallée de Hinnom vient couper la vallée du Cédron est la troisième. La quatrième enfin mérite à peine l'honneur d'être mentionnée. On la trouve à quelques centaines de mètres plus loin que le Bir-Eyoub, au fond de l'Ouad-en-Nar, qui n'est que le prolongement de la vallée du Cédron. Dans le temps des chaleurs, chaque jour, la porte nommée Bab-el-Morharbeh reste ouverte pendant quelques heures, pour livrer passage aux sakka ou porteurs d'eau, qui vont s'approvisionner comme ils peuvent aux trois principales fontaines que je viens d'énumérer, et chargent des troupeaux d'ânes des outres qu'ils remplissent. Si Jérusalem n'avait que cette ressource, elle mourrait de soif.

Il est certain qu'à toutes les époques, le premier soin des constructeurs de maisons a été d'établir des citernes, destinées à emmagasiner l'eau du ciel, qui, par bonheur, tombe chaque année, pendant près de six semaines, avec une abondance dont nous ne pouvons nous faire d'idée, en nous reportant à l'appréciation des pluies de notre pays. La preuve de ce fait, c'est qu'on ne remue pas les épaisses couches de remblais, accumulés sur le sol de Jérusalem par les siècles et par les nombreuses catastrophes qui ont frappé la ville sainte, sans rencontrer des citernes superposées, et appartenant par conséquent à des époques nombreuses et successives. Parcourez les environs immédiats de Jérusalem, et partout où le roc affleure, vous trouverez des entrées de citernes, malheureusement abandonnées aujourd'hui. Nous pouvons donc admettre en toute sécurité qu'à toutes les époques de l'existence de Jérusalem, depuis l'antiquité la plus reculée jusqu'à nos jours, chaque habitation particulière a été munie d'une citerne au moins, par le soin de son constructeur, cette citerne ayant pour objet d'emmagasiner les eaux pluviales.

Mais l'eau de citerne, bien que son emploi paraisse salubre, à Jérusalem du moins, n'est pas du goût de tout le monde, et pour les Orientaux surtout, qui sont de vrais gourmets en fait d'eau potable, il devait paraître très désirable de posséder des eaux de source bien oxygénées, et pures par leur origine même, au lieu de ces eaux qui ne se purifient que par le dépôt des innombrables saletés qu'entraînent forcément les eaux pluviales, lorsqu'elles viennent s'emmagasiner dans les citernes. Cet intéressant problème d'hygiène publique fut résolu par l'active prévoyance des rois de la dynastie de David.

Pour obtenir le résultat désiré, on dut chercher au loin les ressources qui manquaient sur place. En d'autres termes, les rois de Juda firent pour leur capitale ce qui se fait aujourd'hui pour Paris. Il y avait, à quelques lieues au sud de Jérusalem, des sources très belles, à Étham, sur la route d'Hébron; et Salomon ne recula devant aucune dépense, devant aucune difficulté, pour doter sa ville royale des eaux parfaites de ces sources. Trois immenses réservoirs furent taillés dans le roc vif, à des niveaux successivement inférieurs, de manière à ce que le premier, rempli directement par les sources, déversât son trop-plein dans le second, et celui-ci ensuite son propre trop-plein dans le troisième, à partir duquel un aqueduc souterrain, suivant les flancs des vallées, et faisant tous les détours nécessaires pour conserver une pente constante, conduisait les eaux jusqu'à Jérusalem. Ces trois réservoirs, qui sont véritablement une merveille, se nomment El-Bourak, et pour les chrétiens ce sont les Vasques de Salomon. Au moyen âge, et probablement lorsque l'aqueduc fut réparé par le fils de Kelaoun, une forteresse, nommée Qalâat-el-Bourak, fut construite sur le flanc nord du réservoir supérieur, pour protéger et défendre au besoin cette prise d'eau. C'est aujourd'hui la demeure de quelques hommes, préposés à la garde de ces vasques, qui pourtant n'envoient plus une goutte d'eau à Jérusalem ; quant à l'aqueduc, il s'appelle aujourd'hui (du moins dans le voisinage de Beït-Lehm et du tombeau de Rachel), Qanat-el-Koufar, « canal des infidèles. »

C'est à la réparation de cet aqueduc que Ponce-Pilate employa une partie du trésor du Temple, à la grande indignation de la nation juive. Au moyen âge, le soulthan d'Égypte El-Malek-en-Naser-Mohammed-Ibn-Kelaoun le fit réparer à son tour, et y établit un système de tuyaux de terre cuite, que l'on retrouve de temps en temps dans les parties dégradées et découvertes, lorsque l'on suit le trajet de cet aqueduc ruiné.

REPRISE

DU JOURNAL DE VOYAGE.

---

22 novembre.

Ce matin, je suis allé, au point du jour, entendre la messe dite par l'abbé Michon au Saint-Sépulcre. Si l'on n'a pas visité cette église à pareille heure et à pareil jour, il est impossible de se faire une idée de la cohue bigarrée qui s'y heurte à chaque pas, et du charivari qu'on y entend. Il semble qu'une fois sur ce terrain, qui devrait être, plus qu'aucun autre, celui de la conciliation absolue pour toutes les sectes chrétiennes, chacun, au contraire, se sente pris du plus profond dédain pour qui ne partage pas ses croyances, ou ne prie pas comme il prie lui-même. C'est à qui, parmi les prêtres, criera le plus fort, et parmi les assistants, à qui bousculera le mieux ses voisins, afin d'accaparer le plus de placc possible sur le saint parvis qui entoure l'endroit où fut la tombe de Celui qui a dit : Aimez-vous les uns les autres. — Hélas ! ce n'est pas la charité qu'on voit briller ici dans les yeux ; c'est quelque chose qui ressemble à la haine, ou tout au moins au mépris du prochain. Le seul moyen de s'affranchir soi-même de ce sentiment déplorable, c'est de se réfugier dans la prière, en oubliant tout ce qui se passe autour de soi. C'est ce que j'ai fait, et j'ai prié de bon cœur, beaucoup pour mes proches et mes amis, un peu pour moi.

C'est sur le sommet du Calvaire que l'abbé disait la messe. Là sont trois autels distincts : l'abbé officiait sur celui de droite ; un prêtre chaldéen disait sa messe à l'autel du milieu, et à celui de gauche, qui appartient aux Grecs, les pèlerins russes affluaient et venaient baiser le trou percé dans le roc, et dans lequel on dit que fut plantée la croix du Christ. Chacun d'eux, avant d'approcher ses lèvres de la sainte roche, se prosternait trois fois, après avoir fait, avant chaque génuflexion, trois signes de croix à la grecque La messe terminée, j'ai, à travers la foule grossissante, essayé de visiter quelques parties de l'église, et ne pouvant le faire à mon aise, je me suis hâté de regagner l'hôtel Hauser.

Après midi, l'abbé et moi, nous sommes allés étudier le Qasr-Djaloud, qui est bien certainement ce qui reste de la tour Psephina. Cette ruine est appelée par les Latins château de Tancrède. Il est fort possible que la tradition soit vraie, et que Tancrède, après la prise de Jérusalem, ait profité de ces décombres, qui alors étaient en état un peu meilleur, pour s'y créer une habitation. Ce qui est certain, c'est que, sous la masse des ruines actuelles, il existe une grande salle voûtée, où la présence d'arceaux en ogive et d'appareil moderne dénote que ce lieu a été approprié à un service quelconque, à l'époque des croisades.

23 novembre.

Le lendemain matin, de gros nuages avaient fait leur apparition, et l'air était beaucoup plus frais que la veille ; il était donc convenable d'utiliser ma matinée, pendant que tous mes amis étaient à la besogne. Nous sommes partis d'assez bonne heure, mon fidèle abbé et moi, pour aller étudier en détail la piscine de Siloé, et des excavations dans le rocher dont nous avions déjà constaté l'existence.

Le prophète Isaïe parle de l'intermittence de la fontaine de Siloé. Cette intermittence, je ne l'ai pas constatée, et à vrai dire, je ne sais pas comment on la constaterait à cette piscine, où, ainsi que je l'ai noté, on ne voit qu'une mare stagnante. La fontaine de la Vierge, au contraire, — fontaine qui, à certaines époques de l'année, et concurremment avec le Bir-Eyoub, sert à l'approvisionnement du village de Siloam, aussi bien qu'à celui de Jérusalem, — passe bien réellement pour être intermittente.

Je me rappelle, à ce sujet, certaine aventure du P. Desmazure, qui, s'étant engagé dans les conduits souterrains de la fontaine de la Vierge, fut, en sortant, surpris par des habitants du village de Siloam. Comme la source, par une fâcheuse coïncidence, avait cessé de couler pendant un intervalle plus long que de coutume, on accusa le pauvre religieux d'avoir arrêté l'eau, à l'aide de je ne sais quel sortilége; on allait, en conséquence, lui faire un méchant parti, lorsque, par bonheur pour lui, l'eau reparut subitement. Ce hasard lui sauva la vie.

Un fait rapporté par les historiens et par le Pèlerin de Bordeaux, c'est que l'intermittence de la fontaine de Siloé ne se manifestait que le jour du sabbat.

S'il en était ainsi, nous aurions une preuve de ce fait, déjà tant de fois soupçonné, que les eaux des fontaines de la Vierge et de Siloé provenaient du trop-plein des réservoirs du temple, trop-plein qui, le jour du sabbat, jour plus spécialement destiné aux holocaustes, était utilisé pour le service du nettoyage des parvis. Les eaux, ainsi chargées de sang et d'immondices, étaient entraînées hors de l'enceinte sacrée, par des conduites qui devaient les détourner des réservoirs, consacrés à l'approvisionnement du peuple de Jérusalem.

Pendant que nous étions tout occupés, l'abbé et moi, à prendre les dimensions générales de la piscine, le ciel s'était rapidement couvert. De gros nuages noirs arrivaient grand train, et le tonnerre commençait à gronder sourdement. Il était temps de regagner la ville. Nous nous hâtâmes donc, mais pas assez pourtant pour ne pas recevoir sur le dos une de ces belles pluies d'orage, qu'il faut aller goûter dans ce pays, pour bien comprendre ce qu'elles valent. Force nous fut de chercher un refuge. Nous avions déjà dépassé la tannerie qui s'est substituée aux pressoirs du roi, et où nous nous serions abrités, au risque d'être asphyxiés. Heureusement, nous avisâmes une petite cahute en pierre sèche, adossée à l'accotement gauche du chemin. Sauter dans le champ et pénétrer dans cette véritable niche à chien fut l'affaire d'un instant. En nous mettant littéralement à plat ventre, nous pûmes nous glisser comme des couleuvres dans notre aimable gîte, et le temps d'y fumer un cigare suffit, non pour rasséréner le ciel, mais pour amener une embellie dont nous profitâmes, afin de rentrer en ville. D'aventure, le Bab-el-Morharbeh était ouvert, et en un quart d'heure, nous avions retrouvé nos chambrettes de l'hôtel Hauser. Le temps était tout à fait gâté, et pendant le reste de la journée, le vent du sud n'a cessé d'amener des orages, qui éclataient tantôt d'un côté, tantôt de l'autre. Nous n'avions pas la liberté de perdre une journée entière; aussi, après le déjeuner, sommes-nous allés porter à Barrère nos lettres pour la France; ensuite de quoi, l'abbé et moi, nous nous sommes acheminés vers le Scopus, pour y rechercher les lignes du camp de Titus. Nouvelle bonne fortune! Ces lignes existent parfaitement reconnaissables, et faute de terre, elles ont été tracées avec des pierrailles, comme à Massada.

Au moment où nous arrivions au Scopus, un petit monsieur arabe, monté sur une bourrique, y arrivait aussi et allait rejoindre un autre Arabe qui labourait. Tous les deux, après avoir causé un instant, se rapprochèrent de nous et nous appelèrent. Nous avions l'air de flâneurs inoffensifs, et ils avaient flairé, les braves gens, une petite occasion de souti rer un bakhchich inespéré. Je m'arrêtai, et la conversation s'engagea comme il suit :

— Eh ! khaouadja ! donne-moi un bakhchich.

— Pourquoi ?

— Parce que tu es sur ma propriété.

— Bah ! c'est à toi tout cela ?

— Oui.

— Je t'en fais mon compliment ; mais tu n'auras pas de bakhchich.

— Alors, va-t-en de mon terrain, toi et ton compagnon.

— Viens nous en faire sortir.

Comme j'avais mis le révolver à la main, les deux honnêtes cultivateurs retournèrent l'un à sa charrue, l'autre à son bourriquet, et il n'en fut plus question.

Du sommet du Scopus, la vue est réellement merveilleuse ! Le lieu est bien nommé ; c'est un véritable observatoire sur Jérusalem et ses approches. Aussi n'est-ce pas Titus seul qui a occupé ce point essentiellement stratégique ; avant lui, Cestius avait déjà campé, avec son armée, sur le Scopus, et probablement, il faut attribuer à cette succession des deux camps romains, les longues lignes de pierres entassées qui semblent se croiser sans raison.

24 novembre.

Dans la matinée de ce jour, je priai mon ami Mohammed de venir me prendre, pour aller explorer le sommet du mont du Scandale; les bons habitants de Siloam sont assez mal famés pour que je ne dédaigne pas la compagnie d'un musulman dévoué et énergique, comme mon brave Mohammed.

Après une bonne heure de causerie charmante, au milieu des bons pères de la terre sainte, nous nous sommes mis en route, avec le P. Bassi, en nous dirigeant sur la porte de Damas; c'est peut-être le chemin le plus long, mais, à coup sûr, c'est le plus commode et le moins fatigant.

Arrivés devant le Bab-Setty-Maryam, nous avons gagné le fond de la vallée du Cédron, et nous nous sommes immédiatement engagés sur le flanc du mont des Oliviers. Nous avons bientôt atteint le sommet du mont du Scandale, et certes nous ne regrettons pas notre promenade. Rien de plus beau que Jérusalem vue de là. Comme on comprend que les rois de Juda aient eu l'idée de se créer de splendides jardins de plaisance au fond de cette vallée, qui s'ouvre comme un abîme devant le village de Siloam ! Là, tout est vert, tout est animé, tout est charmant ! Des bandes de femmes sont occupées, les unes à arroser, les autres à sarcler ou à cueillir des légumes, qui poussent à vue d'œil dans ce coin de terre privilégié. Au delà de cette ravissante oasis, tout reprend l'aspect fatalement sévère de cette contrée où s'est accompli le drame qui devait changer la face de l'humanité. A droite, vous voyez monter rapidement la pente rapide qui, de la piscine de Siloé, conduit au pied du Haram-ech-Chérif. Puis, cette vénérable muraille s'étend au nord, presque sans faire de coude, jusqu'à l'extrémité de la cité sainte. La vallée de Josaphat, le lit du Cédron et les sépulcres antiques d'Absalon et de Zacharie ont disparu, masqués par les flancs mêmes des monts du Scandale et des Oliviers, qui semblent se relier au flanc du mont Moriah. A gauche, la muraille de Jérusalem monte encore plus haut, pour atteindre le sommet du mont Sion. Au delà de ces murailles se montre la coupole verte de la Coubbet-es-Sakhrah, surmontée de son grêle croissant ; là, un fouillis de petits dômes blancs dominent les terrasses des maisons de la Jérusalem moderne, au-dessus desquelles on voit se balancer mollement, sous les raffales du sud-ouest, les têtes échevelées de quelques rares palmiers. Au bas du Moriah et du Sion s'enfonce, le long du flanc septentrional du mont du Mauvais-Conseil, la sombre vallée de Hinnom, qu'a tant de peine à égayer la verdure grisâtre des oliviers. Au delà de Jérusalem paraissent les sommets du haut plateau de Juda, sans lesquels on verrait à merveille la plaine des Philistins et la Méditerranée. Si l'on se retourne, on aperçoit devant soi les vallées tourmentées qui conduisent à la plaine de Jéricho, et, par delà le Jourdain, la chaîne continue du Ledjah, de l'Ammonitide et de la Moabitide, c'est-à-dire le premier plateau de l'Arabie. Tout cela constitue véritablement un splendide panorama.

25 novembre.

Dès le matin, à huit heures, nous sommes partis pour le Qalâah, au château des Pisans, qui sert aujourd'hui de citadelle. L'officier commandant de place nous attendait, et la plupart des hommes du poste furent mis à notre disposition, pour tout ce que nous voudrions faire.

Tout l'intérieur du bâtiment est encombré de masures sans forme et sans nom, qui croulent de toutes parts, et auxquelles on serait bien fâché, je pense, de faire une apparence de réparation. On monte, on descend, on remonte, on redescend, sans savoir pourquoi, afin d'aller on ne sait où ; on ne comprend rien à ce tohu-bohu de décombres. Je n'aperçois rien d'antique dans tout cela. Il y a bien à la porte d'un certain magasin à poudre, confié à la garde de Dieu, deux fûts de colonne en *maleki*, c'est-à-dire en belle pierre du pays; mais c'est tout. Comme ils ne sont pas venus là tout seuls, et qu'à coup sûr ce ne sont pas les Turcs qui les ont taillés ou apportés, il faut bien admettre que ceux-ci les ont trouvés sur place, et les ont utilisés, avec l'élégance et le goût qui les caractérisent. Ah ! demandez aux Turcs de faire de l'asiatique, du mongolique pur sang, et vous les admirerez. Mais, pour Dieu ! ne leur demandez pas d'utiliser des débris grecs ou romains, et encore moins d'en comprendre la valeur comme œuvre d'art; vous auriez trop à gémir.

Dès qu'on a franchi la porte de la citadelle, on se trouve dans un premier vestibule, adossé à la tour de David, dont la masse imposante attire invinciblement l'attention de tous les voyageurs, fussent-ils les ennemis jurés des études archéologiques. D'ailleurs, c'est la plate-forme de la tour de David qui supporte le drapeau des Osmanlis et les deux ou trois pièces détraquées, qui servent de temps en temps à exécuter des salves d'honneur, au grand péril des artilleurs; mais ceci n'est pas mon affaire. Du haut de cette tour, on jouit d'une vue splendide de Jérusalem et des environs. Toute la base de l'édifice constitue un massif sans aucun vide intérieur. Je me suis laissé conter qu'Ibrahim-Pacha, pendant qu'il était maître de Jérusalem, avait fait entreprendre des recherches, afin de s'assurer de l'existence ou de la non-existence d'un vide qu'il soupçonnait, et où probablement il s'attendait à découvrir quelque trésor. Il n'arriva à rien et renonça à l'opération.

Restait à visiter la grande tour du Qalâah; c'est ce que nous avons fait avec soin. De la plate-forme de celle-ci, une ouverture carrée permet de pénétrer du regard dans une salle basse condamnée, et qui paraît à une très-grande profondeur; sur le sol de cette salle, on aperçoit comme un énorme tas d'échalas couverts de poussière. Ce sont tout simplement des fusils, qui ont été jetés là par l'ordre d'Ibrahim-Pacha, lorsqu'il fit exécuter le désarmement des bons bourgeois de Jérusalem. Voilà ce qu'on peut appeler une salle d'armes d'un nouveau genre.

On voit que notre course de ce matin a été fructueuse. Gélis, aidé par de Behr, a pu lever tout le Qalâah ; c'est une intéressante conquête pour la topographie de Jérusalem. Au départ, le bakhchich a été son train, et le commandant de place n'a pas montré la moindre répugnance pour les pièces de vingt francs françaises.

Après le déjeuner, j'ai eu la visite du curé de Beït-Sahour, l'abbé Moretain. C'est un excellent homme, très zélé, et qui fait tout ce qu'il peut pour m'aider dans mes recherches d'antiquaire. Maître Ibrahim-Hanna, qui est une de ses ouailles, ne m'a pas l'air de jouir de toute son estime. Il le tient pour le plus insigne menteur de la Palestine, et je suis heureux de me trouver d'accord avec lui, dans l'appréciation des mérites de cet effronté.

26 novembre.

La journée s'est annoncée à merveille. Le ciel est pur; il fait un temps superbe. Puisse-t-il durer!

Après le déjeuner, nous devions tous nous rendre chez le cheikh des moghrabins, Mohammed-Effendi, qui désirait nous faire lui-même les honneurs de la porte que j'avais un extrême désir de voir, et qui se trouvait, me disait-on, dans les maisons accolées au Heït-el-Morharby. Sans l'intervention du cheikh Mohammed, jamais nous n'aurions pu mettre le bout du nez dans une de ces maisons, sans nous attirer les plus désagréables mésaventures. Nous sommes donc partis en bande de l'hôtel Hauser, pour gagner la demeure de notre nouvel ami. Là nous attendait la réception la plus gracieuse. Limonades, café, tchibouks, le tout exquis, nous ont été servis à profusion, pendant que les serviteurs du maître de la maison opéraient le déménagement de la case, dans laquelle nous devions pénétrer, et qui précisément était habitée par des femmes. Au bout d'une heure, on est venu nous dire que tout était prêt, et nous avons triomphalement franchi la porte de la baraque, qui ferme au sud la place où vont pleurer les Juifs. A mon premier voyage, j'avais tant regretté de ne pouvoir atteindre le seuil de cette porte, que ma joie était grande de voir si facilement tomber l'obstacle dont j'avais jadis déploré la présence. Le cheikh Mohammed nous a introduits dans une chambre obscure, appliquée précisément à la porte en question. Des literies et des haillons, richement peuplés de vermine, y étaient encore entassés. Tout cela a été aussitôt jeté dehors, et nous avons pu examiner à notre aise ce que nous venions voir. Malheureusement, une déception nous attendait. Cette porte, on sait qu'elle existe là ; mais on n'en reconnaît que le monstrueux linteau, et encore la partie inférieure de ce linteau est-elle enterrée, de sorte qu'on ne voit qu'un bloc immense, sans ornement aucun. Celui-ci, je le répète, servait évidemment de linteau à la baie extérieure de la porte qui, à l'intérieur du Haram-ech-Chérif, est connue sous le nom de Bab-el-Boraq, « porte d'El-Boraq, » c'est-à-dire de la fameuse jument du prophète. Il n'y a pas d'incertitude possible sur la destination de ce linteau, et très certainement, il y avait là une des portes primitives, percées dans l'enceinte salomonienne du temple, ou, pour parler plus exactement, dans le massif artificiel, construit par Salomon ou ses successeurs immédiats, pour donner accès sur la plate-forme du temple. Comme toutes les autres portes analogues, celle-ci est énormément en contre-bas du niveau du terre-plein du temple. La nature du terrain ne permettait pas qu'il en fût autrement.

Le cheikh Mohammed, en nous quittant, m'a fait une gracieuseté à laquelle je ne m'attendais pas, et dont je lui ai su très bon gré. J'avais fumé chez lui un tchibouk en bois de jasmin que j'avais admiré par politesse, et, au moment de nous séparer, un de ses serviteurs m'a suivi, portant le tuyau de jasmin, que le cheikh m'a forcé d'accepter. Il faudra donc qu'à mon tour je m'ingénie à trouver quelque cadeau à faire au fils aîné de Mohammed-Effendi, jeune garçon d'une douzaine d'années.

J'attendais la visite du cheikh de la mosquée d'Omar, Mohammed-ed-Danef, avec lequel je voulais faire une petite convention, pour les travaux que j'aurais à exécuter à l'intérieur du Haram-ech-Chérif; j'ai donc regagné l'hôtel Hauser au plus vite. A quatre heures et demie, je recevais dans ma chambre, et en tête à tête, ce brave homme, dont je crois avoir déjà dit qu'il a un amour des plus intenses pour les pièces de vingt francs. Je lui annonçai que, pour chacune des journées où mes amis iraient faire des études dans son domaine sacré, il toucherait une belle pièce d'or, et cette ouverture le rendit le plus heureux et le plus complaisant des cheikhs. A partir de ce moment, je lui eusse demandé, moyennant finance, de m'aider à mettre dans ma poche n'importe quel objet confié à sa garde, qu'il s'y fût, je crois, prêté de la meilleure grâce du monde. Son fils, qui doit lui succéder, a hérité de ces excellentes dispositions; déjà, c'est mon meilleur ami, et je pense qu'il n'y a qu'une seule chose qu'il me préfère, l'argent. Cela est fort heureux, et de ce côté, les choses vont pour nous à souhait.

27 novembre.

Ce matin, nous sommes allés, Gaillardot,

son fidèle Aly et moi, prendre toutes les mesures de la partie de l'enceinte de Jérusalem, comprise entre le Bab-el-Aamoud et le Bab-Setty-Maryam. Il nous a fallu quatre grandes heures pour mener cette besogne à bonne fin.

Je viens de nommer Aly; c'est un brave musulman de Sayda, qui s'est pris d'une telle passion pour Gaillardot, qu'il ne le quitte pas plus que son ombre. Pour le dévouement, il rendrait des points aux caniches; il a donc quitté commerce, femmes et enfants, pour suivre à Jérusalem celui qu'il s'est bénévolement donné pour maître, et il nous sert à merveille toutes les fois qu'il y a quelque course à faire, quelque mesure à relever. Tout intelligent qu'il est, le reste de nos serviteurs, avec lesquels il vit à l'hôtel, en a vite fait une sorte de plastron; mais il est de si bonne humeur que rien ne le fâche. Ces drôles-là l'ont affublé du nom de Thannous, nom qu'en Syrie on applique, comme un sobriquet, à quiconque est un peu simple d'esprit; puis ce surnom s'est bientôt transformé en celui de Fanous, « lanterne, » qui ne signifie rien du tout, mais dont l'emploi excite toujours les fous rires.

J'ai aujourd'hui congédié mon drogman Antoun-el-Ouardy, sans tenir aucun compte de son désir ardent de m'exploiter pendant tout le reste de mon séjour en Syrie. Ce gaillard-là n'a-t-il pas essayé de me faire payer sa dépense personnelle et celle de tout son monde, à l'hôtel! J'avoue que je l'ai reçu comme un chien dans un jeu de quilles, lorsqu'il a eu l'heureuse idée de me proposer cet arrangement à sa convenance. M'en voilà débarrassé, et je ne le regrette guère.

1er décembre.

J'ai eu ce matin la visite de M. Guérin, qui avait disparu pendant quelques jours, grâce à une nouvelle irruption de sa fièvre obstinée. Je l'ai mené aux fouilles de la triple porte et lui ai fait voir les blocs de la dernière assise reliés au roc vif.

Dans l'après-midi, j'ai été passer quelques heures au Tombeau des Rois, dont on a commencé à déblayer le vestibule intérieur, à ma très grande satisfaction.

En rentrant à l'hôtel, nous l'avons trouvé envahi par une bande d'Américains. Trois hommes et six femmes, dont trois jeunes et assez jolies, composent cette troupe de pèlerins, et la venue de ces nouveaux visages nous semble fort agréable. Malheureusement le temps s'est gâté. Il vente la peau du diable, comme disent les matelots, et lorsque nous allons nous coucher, les éclairs et le tonnerre se mettent de la partie.

2 décembre.

J'ai visité, grâce au cheikh des moghrabins, le linteau extérieur de la porte percée dans la muraille occidentale, et qui se nomme indifféremment Bab ou Mâalet-el-Borak; je tenais à étudier à l'intérieur cette même porte, qui constitue un des plus illustres sanctuaires des musulmans. Je ne saurais dire toutes les difficultés ridicules qui m'ont été faites, pour m'empêcher d'y pénétrer. Mais la clef d'or ouvre tout, et cela est particulièrement vrai à Jérusalem. Salzmann et moi, nous avons donc pu descendre dans la sainte cave, et y prendre notes et croquis tout à notre aise.

Dans cette chambre, ou, pour mieux dire, dans cette cave, on voit scellé dans la muraille un petit anneau de fer, qui passe résolûment pour celui auquel le Prophète attacha le licou de sa jument. Les musulmans qui nous accompagnent, grands et petits, semblent prendre un très vif plaisir à battre la muraille avec cet anneau. Grand bien leur fasse!

Pendant que nous étions tous occupés au Bab-el-Borak, la pluie a commencé avec rage; le ciel est si bien pris de tous les côtés, qu'évidemment voilà le mauvais temps venu pour plusieurs jours.

Nous sommes rentrés, trempés comme des canards, et force m'a été de rester au gîte.

Hélas! notre caravane vient de faire une perte! On se rappelle la petite panthère, dont m'avait gratifié le grand cheikh des Adouân. L'aimable animal a si bien festoyé la viande crue, que nous avions généreusement substituée au lait de sa mère, qu'il en est, ma foi, mort d'indigestion. Gaillardot a passé une partie de son après-midi à dépouiller défunt Arthur, et il s'est trouvé que c'était une défunte. Force nous a été de changer son nom, et pour honorer sa mémoire, nous lui avons, d'un accord unanime, imposé celui de Virginie! Donc, Virginie est morte, et je lui en sais un gré infini. Jamais je n'ai vu bête plus hargneuse et plus insupportable.

3 décembre.

J'ai parlé déjà de la magnificence des coupoles antiques qui se voient sous El-Aksa.

J'avais un désir bien naturel de posséder de bons dessins de ces coupoles; mais, pour y arriver, il fallait être autorisé à construire un échafaudage, et nous avons négocié avec le cheikh de la mosquée. On lui a donc annoncé que notre travail au Haram était fini, et que, par conséquent, la source des pièces de vingt francs était tarie. Grand désespoir du brave homme, qui demande avec anxiété s'il n'y aurait plus rien qui pût nous intéresser. Là-dessus, on lui a parlé, à brûle-pourpoint, de la possibilité de dépenser huit jours de plus à dessiner les coupoles en question, si toutefois il était permis de construire un échafaudage pour les voir de près.

— Avez-vous des bois? a-t-il demandé sans l'ombre d'hésitation.

— Sans doute.

— Eh bien! apportez-les bien vite. »

Et la chose a été faite, à la grande satisfaction de tout le monde. Cela m'a valu, de Salzmann et de Mauss, deux splendides dessins, dont l'exécution a demandé près d'une semaine de travail assidu. « Ces coupoles, a dit M. Renan, sans les avoir réellement vues, ne sont certainement pas hébraïques. » Je me permets de retourner la proposition, maintenant que je les ai vues à l'aise, et je déclare, sans plus de façon que mon savant confrère, qu'elles sont certainement hébraïques. L'unde nous deux se trompe, c'est évident; mais lequel est-ce?

J'ai eu, avant le dîner d'apparat auquel nous étions tous conviés, une visite assez intéressante; c'est celle d'un vieux zaptié du Séraï, que j'avais vu nous suivre au Haram-ech-Chérif, et que j'avais remarqué tout d'abord, grâce à son costume en loques. Il est venu, en pleurant à chaudes larmes, me raconter ses misères. Son nom est Moustapha-el-Borhdady; avant 1840, il était chef de bataillon au service du vice-roi d'Égypte. Après 1840, on lui a fait quitter de force ce service, pour rentrer dans les États du Sultan. Il était marié; il avait des enfants (il en a aujourd'hui neuf, rien que cela!); il a donc essayé de l'unique méthode usitée en ce bienheureux pays, afin d'obtenir un emploi qui lui permît de vivre honorablement avec sa famille; il a graissé toutes les pattes avides tendues vers lui, et tout son avoir, c'est-à-dire 180,000 piastres (soit 45,000 francs environ), y a passé; mais il a obtenu un emploi, celui de zaptié du Séraï, avec 70 piastres, ou 17 francs d'appointements par mois. Ils ne sont que onze à loger, à vêtir et à nourrir sur ce revenu. Bagatelle! Cet homme m'a fendu le cœur, en me racontant, à travers ses sanglots, que, lorsque ses malheureux enfants lui demandaient du pain, il était, neuf fois sur dix, obligé de déclarer qu'il n'en avait pas. Horrible chose que la misère! Pour soi-même, on peut la supporter; mais pour les siens, ce doit être le plus cruel des supplices. Le pauvre diable est parti de chez moi, en me baisant les mains ; il a du moins le pain de quelques jours pour lui et sa famille.

4 décembre.

Nous étions allés à la promenade dès le matin, mais, à dix heures et demie, nous sommes rentrés en ville en toute hâte. N'est-ce pas aujourd'hui vendredi? Les Turks de Jérusalem sont dans l'habitude, déjà bien ancienne, de se claquemurer dans l'enceinte de leur ville tous les vendredis, de dix heures et demie du matin à deux heures de l'après-midi, parce qu'il est de notoriété publique que Jérusalem sera enlevée par les chrétiens aux musulmans un vendredi, à l'heure de la prière. L'armée chrétienne qui les menace pourrait être cachée derrière un olivier du voisinage, ou dans un champ de choux-fleurs. Il n'y a donc pas à badiner, et l'on ferme toutes les portes, à grand renfort de verrous et de cadenas, pendant les heures fatales ; après quoi, le danger étant passé, grâce à cette intelligente précaution, on rouvre la ville jusqu'au coucher du soleil.

L'hôtel Hauzer vient d'être envahi par une quinzaine d'Anglais de tous âges, appartenant à l'état-major d'une corvette qui les a débarqués à Jaffa. La présence de ce monde bruyant trouble désagréableme..t le calme habituel de notre gîte. *Fond-de-Cuir* a trouvé là une excellente occasion de placer sa théorie sur le millenium; il prêche donc comme un enragé, et nous voyons avec douleur qu'il n'a pas plus de succès avec les Anglais qu'avec les Français. Ma foi, ce n'est pas avoir de chance!

6 décembre.

Ma journée d'aujourd'hui a été insignifiante au point de vue de nos recherches. Au petit jour, j'étais à la porte de l'église du Saint-Sépulcre, où je voulais entendre la messe. Il y avait foule sur le parvis; mais la porte, bien et dûment verrouillée et cadenassée, ne s'est ouverte devant nous que lorsque le gardien, après nous avoir régalés de la vue de ses ablutions et de sa prière, a jugé à propos de nous livrer le passage. Je renonce à dire tout ce qu'il m'a monté de rage au cœur, pendant les trois quarts d'heure qu'il m'a fallu attendre le bon plaisir de ce drôle. O chrétiens! vous n'avez bien là que ce que vous méritez.

8 décembre.

Au petit jour, mon brave Pierre est venu m'annoncer qu'il croyait tenir une nouvelle chambre, et cette fois, réellement inexplorée. J'ai minutieusement raconté cette découverte heureuse; je n'en reparlerai donc plus ici.

Le soir, je suis retourné au Tombeau des Rois ; la fouille du grand escalier ne marche pas assez rapidement à mon gré. Elle devrait être finie, et le seuil de la porte déjà nettoyé. J'offre donc à mes ouvriers un bakhchich de cent piastres, si tout est déblayé au magrheb. A partir de cette annonce, tout mon monde a été saisi d'enthousiasme, et certainement, si terminer en quelques heures n'eût pas été une besogne surhumaine, la chose eût été faite. Rien n'était plus curieux que l'entrain des vieux et des jeunes, chantant à tue-tête et alternativement le refrain suivant, que la circonstance leur avait fait improviser dans leur patois :

Khaouadja, hât el bakhchich
Ma tanti-hou, ma nedjich !

« Monsieur, donnez le bakhchich !
« Si vous ne le donnez pas, nous ne viendrons pas. »

Certes, ils ont bien gagné les cent piastres que je leur ai données de bon cœur, mais au coucher du soleil, il restait encore énormément de terre à enlever. Dans les déblais, on a ramassé devant moi, au niveau des marches, un quart de sicle de bronze de l'année IV de l'autonomie accordée aux Juifs par Alexandre, lors du pontificat de Iaddoua.

La nuit était presque venue, quand nous avons regagné la ville, et peu s'en est fallu que nous ne trouvassions les portes closes.

11 décembre.

Ce matin, je suis allé au couvent me munir d'une provision d'objets de piété. Me voilà pourvu, de façon à pouvoir faire force largesses en ce genre. J'ai eu la visite du cheikh de la mosquée d'Omar ; comme il a été aussi complaisant que je pouvais le désirer, j'ai accueilli l'ouverture qu'il m'a faite, à propos de la fameuse armoire promise depuis si longtemps, en lui offrant de lui en remettre le prix, c'est-à-dire cent francs. Le vieux brave a trouvé l'arrangement fort de son goût, et a empoché joyeusement mes cinq napoléons. Si jamais l'armoire en question se paie avec cet argent-là, je consens de bon cœur à être roué de coups. Le vieux zaptié El-Borhdady accompagnait le cheikh, et je lui ai encore donné vingt francs ; comme il me demandait en sus un pantalon, je l'ai envoyé se promener.

Ces gens-là sont insatiables !

L'abbé Moretain, curé de Beït-Sahour, vient de m'envoyer six petits couteaux-scie, en silex, trouvés dans les fondations de son église. Je suis ravi de posséder ces reliques des temps anté-historiques de la Judée ; elles iront au Louvre.

Toujours du vent et de la pluie ; voilà, je le crains bien, la saison mauvaise arrivée pour tout de bon.

Vers une heure après-midi, j'ai été prévenu que S. Exc. Kourchid-Pacha, mieux avisé, allait venir me rendre la visite que je lui avais faite. J'ai eu tout juste le temps de faire préparer les limonades, le café et les cigares de rigueur. Notre entrevue a eu d'excellents résultats.

12 décembre.

Après le déjeuner, j'ai été au couvent des Dames de Sion, pour y voir la mère Devaux, cousine de mon excellent ami le général Morin, et supérieure générale des Dames de Nazareth. C'est une charmante femme dans toute la force du terme.

J'ai profité de l'occasion pour étudier le curieux souterrain, retrouvé par ces dames dans les travaux de construction de leur maison.

14 décembre.

Cette nuit, un vent furieux s'est élevé ; les fenêtres battaient, et les vitres se cassaient de tous les côtés. C'était un tapage du diable. Ce matin, la pluie est terrible ; voilà bien la vraie pluie de Jérusalem ! N'importe, il n'est pas possible de rester claquemuré chez soi, sans rien faire. J'ai donc envoyé prier M. Moore, consul d'Angleterre, de me désigner l'heure à laquelle il voudra bien me recevoir aujourd'hui, mon intention étant de lui demander l'autorisation de visiter le petit musée, formé par les soins de la Société littéraire, fondée à Jérusalem, sous le patronage de son prédécesseur. M. Moore, avec le plus aimable empressement, m'a fait répondre qu'à une heure après-midi il m'attendrait au consulat, et qu'il serait heureux de me faire conduire au musée. Je sais qu'il a, parmi les débris antiques qui y sont réunis, un fragment d'inscription hébraïque, trouvé sur le mont des Oliviers, et je tiens fort à en prendre une copie et un estampage. En attendant, mes compagnons et moi, nous gelons à qui mieux mieux jusqu'au déjeuner.

A l'heure dite, nous nous sommes présentés, Michon, Gélis, Gaillardot et moi, chez M. Moore, par qui nous avons été reçus de la manière la plus affable. Notre visite faite, le consul nous a donné pour guide son chancelier, M. Wood, qui nous a très obligeamment conduits au musée en question. Il était dans un bel état, le musée! Heureusement, M. Moore m'a fait part de son dessein bien arrêté de faire transporter, dans un local qu'il fait préparer au consulat même, tout ce qui se trouve en ce chenil abandonné. C'est une excellente idée; car au moins, maintenant, des morceaux très intéressants ne disparaîtront plus sous les toiles d'araignées, et sous une épaisse couche de poussière, dont l'humidité a fait une sorte de boue pulvérulente. Nous avons tout remué, tout retourné. Il n'y a pas là plus d'inscription hébraïque que sur la main, et cependant, je sais de source certaine que cette inscription existe. Faute de grives, dit la sagesse des nations, il faut se résigner à manger des merles. Je me suis donc rejeté sur les merles du petit musée de Jérusalem.

19 décembre.

Enfin, voilà le beau temps revenu ! Le ciel est pur, et le soleil splendide. Dieu veuille que cela dure !

Je suis allé faire ma visite d'adieux à Kourchid-Pacha, et nous avons été charmants tous les deux. A ma sortie du Séraï, tous ses cavas m'ont fait la conduite, pour l'honneur, sans doute, mais aussi pour le bakhchich qu'il m'a fallu leur donner, afin de me débarrasser d'eux ; et de fait, aussitôt mon argent empoché, ils m'ont planté là, au milieu de la rue, comme je le désirais fort.

Puis, j'ai été prendre congé de monseigneur le patriarche et de l'excellent abbé de Quevauvilliers.

De retour chez moi, j'ai pu enfin faire prix avec El-Rhouty, le chamelier de Jaffa. Espérons que ses bêtes ne se feront pas attendre. Allons, voilà que le vent a encore sauté ce soir à l'ouest ; gare l'eau !

20 décembre.

Ce matin, le temps est redevenu beau ; Dieu soit loué ! Je suis allé au couvent entendre la messe, ensuite de quoi, j'ai été voir le Réverendissime, chez qui Gélis et Gaillardot sont venus, de leur côté, faire leur visite de congé. J'y ai trouvé Monseigneur Pila, frère du cardinal de ce nom. Il a tout à fait les traits et la barbe du cardinal de Richelieu, et il fait de la politique romaine, de façon à m'empêcher de discuter avec lui ce que je crois discutable, dans ses appréciations personnelles des hommes et des événements. Je pense que nous ne nous entendrions guère, et j'aime mieux le laisser aller à sa guise, que de lui donner la réplique.

Le F. Liévin m'a conduit ensuite, avec Gélis et Louis, au tombeau de la Vierge, à la grotte de l'Agonie, et au jardin de Gethsemani. Nous y avons fait ample provision de reliques de toute nature.

21 décembre.

Le matin, le Révérendissime et le P. Bassi sont venus me dire adieu. Après le déjeuner, nous sommes tous allés visiter le terrain des chevaliers de Saint-Jean, pour examiner avec soin deux fragments antiques, qui appartiennent très probablement à la seconde enceinte, et qui ont été englobés plus tard dans le mur de clôture de l'hospice de Saint-Jean. Le premier est l'angle du bazar au blé actuel. Cet angle est bien certainement antique.

Après avoir examiné soigneusement ces vénérables débris, nous avons achevé notre journée, en faisant une dernière promenade au sommet du mont des Oliviers. J'avais à cœur de jeter un regard d'adieu à la vallée du Jourdain, à la mer Morte, et aux belles montagnes d'Arabie. Hélas! il est bien probable que ce regard sera le dernier. Pourquoi ne l'avouerai-je pas? cette course est pour moi pleine de tristesse. Sans doute, je suis heureux de penser que dès demain, je vais me rapprocher de tous ceux que j'aime; mais j'ai un véritable amour aussi pour cette sainte terre, que j'ai eu tant de plaisir à visiter, et ce n'est pas sans un amer regret que je me dis, au fond du cœur, qu'en la quittant cette fois, il est bien probable que je la quitte pour toujours.

Nous avons d'abord été au sanctuaire en plein air, que l'on appelle ici les *Viri Galilæi*; c'est une petite plate-forme, pavée de dalles, supportant deux tronçons de colonnes et un petit bloc, sur la surface desquels on a entaillé des croix fleuronnées. De là, nous sommes allés nous reposer auprès de l'oualy qui couronne le mont des Oliviers, et qu'entoure un petit cimetière musulman. C'est de ce point qu'on a la vue splendide dont je tenais à repaître encore une fois mes yeux, avant de m'éloigner de Jérusalem.

Le soir, nous sommes tous allés prendre congé de Barrère, et là aussi, ce n'a pas été sans un serrement de cœur que nous avons reçu et donné la dernière accolade. Avant neuf heures, nous étions rentrés, non sans mésaventures ; car l'abbé et Gaillardot, ayant un peu ralenti le pas, se sont trouvés éloignés de notre fanous, et ont failli être mis au violon. Il eût été assez drôle d'y passer la dernière nuit de leur séjour à Jérusalem. Mais ils en ont été quittes pour la peur.

22 décembre.

Ce matin, nous étions tous levés au point du jour, comptant, ô candides que nous étions ! sur un prompt départ.

Et d'abord, le cheikh Mahmoud d'Abou-Dis et le cheikh Ismaël ont demandé à me faire leurs adieux ; j'ai refusé de les recevoir. Assez de bakhchich comme cela ! Puis, a paru l'un des propriétaires des Qbour-el-Molouk, à qui j'ai donné trois napoléons de surérogation, tant j'étais heureux de tenir enfin mon sarcophage qui, dès la veille au matin, avait pris la route de Jaffa, sous la protection de Botros.

Pierre et Ferdinand sont venus, à leur tour, m'apporter un beau fragment de sculpture, déterré la veille au pied même de la grande porte, percée dans la muraille de rocher aux Qbour-el-Molouk. Le travail en est très curieux, et il est évident que ce fragment n'a pas fait partie du monument expiatoire d'Hérode. Matière, style, ciselure, tout le distingue de ceux que j'ai recueillis dans mes fouilles de la grande cour. Ce morceau va partir avec moi, et je n'aurai garde de le laisser à Jérusalem.

J'ai reçu aussi la dernière visite de l'abbé de Quevauvillers, que j'ai chargé de transmettre à monseigneur le Patriarche mes plus respectueux hommages.

O lecteurs ! je vous donne en cent à deviner l'heure à laquelle nous avons enfin pu nous mettre en route, grâce à tous les embarras inséparables d'un vrai départ. Il était onze heures et demie, ni plus ni moins, lorsque nous avons été enfourcher nos montures, sur la place du Qalâah. Là j'ai trouvé, à ma fort médiocre satisfaction, tous les zaptiés, tous les cavas auxquels j'avais eu affaire, ceux même que je n'avais jamais vus. Il a fallu, bon gré mal gré, *bakhchicher* tout ce monde, et nous avons enfin pu franchir le Bab-el-

Khalil, après avoir traversé une foule compacte de curieux, accourus de tous les points de Jérusalem pour nous souhaiter un bon voyage.

M. Ledoulx et deux cavas du consulat, à cheval, ouvraient la marche. A la sortie de la ville, j'ai pu donner une dernière poignée de main au cheikh des moghrabins, qui était venu de son côté pour me souhaiter toutes les prospérités possibles, et me remercier du modeste cadeau que j'avais fait à son jeune fils, en échange de son tchibouk de jasmin.

Nous avons bien vite rejoint la route de Naplouse aux Qbour-el-Molouk. Là nous attendaient, à cheval, Carlo et son gendre Pascal, vigoureux compère, s'il en fut. Le petit bonhomme de propriétaire du Tombeau des Rois, qui n'avait pas quitté mes fouilleurs pendant vingt minutes, depuis qu'ils étaient à l'œuvre, était là aussi. Je lui ai serré la main ; c'est tout ce qu'il a eu de moi pour cette fois. Notre escorte était nombreuse, on le voit ; à Chafat, j'ai congédié tout le monde, et nous nous sommes mis pour tout de bon en route.

A peine partis, nous avons rencontré cinq cavaliers, qui forment une commission scientifique, chargée d'explorer la terre sainte, pour le compte d'une société savante de l'Angleterre. Nous nous sommes très promptement présentés les uns aux autres, et pendant près de trois quarts d'heure, nous avons échangé force questions et force réponses.

Ces messieurs, en apprenant que j'avais exploré tout à mon aise et étudié, topographiquement parlant, l'Ammonitide, m'ont paru un peu désappointés, leur projet étant d'entreprendre le même travail. Je les ai réconfortés de mon mieux, en leur affirmant que là, il y avait encore de la bonne besogne à faire pour bien des voyageurs.

De Jérusalem au village de Chafat, il y a moins d'une heure de chemin. Arrivés à ce point, nous avons envoyé notre dernier salut à Jérusalem. Faites encore quelques pas, et la ville sainte a disparu pour ne plus se remontrer.

La route que l'on suit, en quittant El-Bireh pour se rendre à Djifnah, est affreusement triste ; elle est déserte et, grâce aux pluies qui viennent de finir, passablement mauvaise. Nous avons longé un grand étang, auquel je n'ose pas donner le nom de lac, et qui n'en a pas moins quatre à cinq cents mètres de largeur dans tous les sens. Je ne puis croire que les pluies seules forment cet amas d'eau. Il n'a pas encore assez plu pour cela, et j'aime mieux penser qu'il y a là un véritable étang permanent. Un peu plus loin que ce petit lac, nous avons franchi un dernier pli de terrain, qui nous séparait de la vallée, assez verdoyante, au fond de laquelle est placé le village actuel de Djifnah.

Il était plus de cinq heures et demie, et il faisait déjà sombre, lorsque nous avons enfin pu atteindre le point où nos tentes étaient dressées, sur un petit plateau qui domine le village, derrière le beau presbytère que le patriarche y a fait construire.

La route qui descend à Djifnah longe à peu de distance un beau ruisseau, auquel donne naissance l'Ayn-Djalazoun. Les eaux sont assez abondantes pour que le ruisseau forme, en plusieurs points, de jolies petites cascades. Les alentours de Djifnah sont plantés d'oliviers, de figuiers et de vignes. Avant d'entrer dans ce village, on traverse à gué cet abondant cours d'eau, à côté d'un petit pont d'une seule arche, sur lequel, malgré l'obscurité, j'ai discerné une inscription bilingue, grecque et arabe, d'une époque peu ancienne.

J'avais l'intention, en partant de Jérusalem, de visiter le tombeau de Josué, si heureusement retrouvé par M. Guérin. Cela nous a fait quitter la grande route de Naplouse, afin de nous diriger sur Djifnah, où nous avons fait étape.

23 décembre.

Dans la nuit s'est élevé un vent violent, qui souffle toujours et qui ne nous présage rien de bon. Au point du jour, nous étions tous debout, et fort joyeux du but de notre promenade de la journée. Nous avons pris un guide à Djifnah, et de très bonne heure, nous nous sommes mis en route. Il nous a fallu près de trois heures pour atteindre Tibneh. La route n'est pas mauvaise ; mais, dans tous les cas, elle est véritablement charmante.

Nous apercevons enfin le but de notre course, que signale de loin à nos regards un magnifique bouquet d'arbres. Devant nous s'ouvre une petite plaine basse que domine, au sud-est, une hauteur couronnée par une ruine, que les habitants du pays nomment Deïr-ed-Damm ; au sud-est, une colline élevée, dans les flancs de laquelle s'ouvrent des grottes sépulcrales, ombragées de bouquets de chétifs chênes-verts ; en arrière de celle-ci, c'est-à-dire au nord de la petite plaine, est une autre colline couverte de ruines ; elle est connue des Arabes sous le nom d'Er-Ras, malgré son peu de hauteur ; quant aux ruines, elles se nomment Tibneh. D'Ayoun-Ria, il nous a fallu un quart d'heure pour venir mettre pied à terre sur la petite esplanade ouverte, devant le vestibule du tombeau de Josué.

Toute la plaine que nous venons de traverser est garnie de groupes de laboureurs qui, suivant la coutume, se hâtent de quitter leur besogne, afin de venir examiner ce que nous cherchons en pareil lieu; et de fait, pendant toute la durée de notre visite, nous les avons eus sur le dos.

Ainsi que je l'ai dit tout à l'heure, la colline, nommée Er-Ras, est couverte de ruines, qui portent le nom spécial de Kherbet-Tibneh. Vers le bas de ces ruines, on voit encore un pan de mur, formé de gros blocs à bossage, d'appareil essentiellement judaïque. C'est en tournant le dos à ces ruines, c'est-à-dire en regardant le sud, que l'on embrasse de l'œil toute la nécropole de Tibneh; je dis nécropole, parce qu'il y a là un certain nombre de caves sépulcrales, entaillées dans le roc vif, qu'il faut aller chercher à travers d'assez épaisses broussailles, et dont quelques-unes ont un intérêt considérable pour l'histoire de l'art en Judée.

Les parois de la plus grande sont creusées de petites excavations carrées ou arrondies, qui ont été destinées à recevoir des lampions lors de certaines fêtes commémoratives ou de certains anniversaires. L'illumination de ce vestibule devait être véritablement imposante, puisque sur la seule paroi de gauche, on compte soixante-onze de ces petites niches à lampes. Impossible de conserver des doutes sur leur destination, car tous les sommets en sont tapissés d'une épaisse couche de suie, que des illuminations, répétées pendant une longue suite de siècles, ont pu seules accumuler. En Syrie, la coutume d'illuminer à certains jours les tombeaux réputés saints, est loin d'être perdue, et à Naplouse, par exemple, il y a telle tombe, creusée dans le flanc du mont Ébal, en face de la ville, qui, tous les jeudis soirs, est encore illuminée à l'époque où nous vivons.

Au fond du vestibule à illumination s'ouvre une petite porte, par laquelle on pénètre en rampant dans une chambre sépulcrale, présentant sur chacune de ses trois faces postérieures cinq ouvertures pareilles ; sauf celle qui sur la paroi du fond occupe la place du milieu, elles ouvrent toutes sur des fours à cercueils. Il y a donc dans cette chambre quatorze fours à cercueil, et une porte très étroite et très basse, donnant accès dans une seconde chambre, où il n'y a jamais eu qu'une seule sépulture, placée au fond et dans l'axe même du monument. C'est dans cette sépulture qu'a reposé la dépouille mortelle de Josué.

Devant le vestibule de cet illustre tombeau régnait une petite esplanade, pavée en mosaïque. Mais les éléments de cette mosaïque sont

de véritables fiches, en forme de prismes rectangulaires, absolument semblables à ceux des mosaïques primitives, découvertes dans certaines localités anciennes du pays des Philistins.

Un peu plus bas, à gauche, et à une vingtaine de mètres de ce tombeau illustre entre tous, on voit, entaillées dans le roc, trois arcades en plein cintre, semblant appartenir à un seul et même monument, qui sert aujourd'hui de demeure, d'étable ou d'écurie, à quelques pauvres fellahs. Les deux arcades de droite sont décorées d'ornements, grossièrement entaillés dans le roc vif. La dernière est surmontée d'une sorte de figure, ornée à droite et à gauche de deux courbes analogues à des urœus ou serpents royaux ; deux larges rosaces sont entaillées aux côtés de cette figure. L'arcade du milieu est surmontée d'une espèce de grand fleuron, qui paraît formé de palmes largement ciselées.

La tombe de Josué, nous dit l'Écriture sainte, était au nord de la montagne de Djaas, près de Timnath-Heras. Très probablement, la haute colline, dans laquelle est percée la tombe à dispositif d'illumination, est ce mont Djaas de l'Écriture, et ce nom s'est éteint par la seule raison, vraisemblablement, qu'il n'était pas significatif.

En résumé, il n'a pu y avoir qu'un très haut personnage, enterré dans une tombe à laquelle on rendait des honneurs tels que ceux d'une illumination aussi grandiose. Quel est le personnage enterré à Tibneh et auquel ces honneurs aient dû infailliblement être dévolus? C'est Josué. La tombe en question est donc bien celle de l'illustre chef, qui conduisit les Hébreux dans la terre de Chanaan. Certes, la découverte d'un monument de cette valeur est bien faite pour illustrer le nom du voyageur qui a eu le bonheur de le retrouver. Je suis donc heureux de féliciter très haut M. Guérin, en lui exprimant ma gratitude pour l'obligeance toute généreuse avec laquelle il m'a mis à même d'aller visiter ce vénérable sanctuaire.

Nous avons vu tout à l'heure que Josué avait fait enterrer à Tibneh les couteaux de pierre dont s'étaient servis les prêtres, après le passage du Jourdain; ces couteaux doivent être restés dans le tombeau du fils de Noun, et très probablement, celui-là les recueillera qui se donnera la peine de les aller chercher. Il n'y a pas bien longtemps d'ailleurs que cette tombe illustre a été violée, car les habitants du lieu m'ont raconté que c'étaient eux-mêmes qui l'avaient ouverte, et qu'ils en avaient tiré une sorte de candélabre à trois becs, en métal jaune et très pesant, qu'un agha de bachi-bozouks leur enleva naguère, au prix misérable de cinquante piastres. Sans doute ce candélabre a passé au creuset et a péri pour toujours. C'est fort à regretter.

Pendant que nous explorions et dessinions avec soin la nécropole de Tibneh, les heures avaient Apassé. rrivés à dix heures un quart, nous ne pûmes remonter à cheval qu'à plus d'une heure après midi. Il s'agissait de gagner un village nommé El-Mézarê, où nous avions envoyé directement tous nos bagages.

Je l'ai déjà dit ; en Syrie, la dernière route que l'on parcourt semble toujours la plus auvaise, et cette fois, ce n'a certes pas été ne illusion. Le guide que nous avions pris Djifnah se chargea de nous conduire à El-ézarê, par un chemin que le malheureux 'avait jamais parcouru. Aussi réussit-il assez romptement à nous perdre, et à nous en-ager dans des sentiers de chèvres et des flancs ocheux de montagnes, où nous faillîmes cent ois nous rompre les os. Pendant trois heures, ous marchâmes presque toujours à pied, os chevaux étant à peine capables de se orter eux-mêmes, et il était plus de quatre eures quand nous arrivâmes à nos tentes, ui étaient dressées à proximité du village ssez joli qui se nomme El-Mézarê, « les Méair:es. »

Jusqu'à l'heure du dîner, nous avons été entourés, mais à distance respectueuse, par tous les habitants du village. Leur cheikh Mohammed était, par aventure, en liaison d'amitié, par son frère, avec Mohammed-es-Safedy, et il est venu s'établir pour la nuit au milieu de notre petit camp, afin de nous protéger contre les mauvais instincts de ses administrés.

Après notre dîner, nous avons remarqué que la lune était entourée d'un magnifique halo. C'est un beau phénomène sans doute, mais comme il annonce infailliblement la venue de la pluie, nous ne l'avons vu apparaître qu'avec un véritable désappointement. Heureusement, nous serons à Naplouse demain.

Pendant la nuit, un vent violent s'est élevé, et il a failli plusieurs fois renverser nos tentes. Il est bien clair que lorsque cette bourrasque se calmera, la pluie prendra sa place. A la grâce de Dieu ! car maintenant, il n'y a plus à reculer.

24 décembre.

Nous avions décidé que nous partirions de très bonne heure, à cause de la longueur du chemin à parcourir ; mais nous avons dû renoncer à ce projet. Il fallait, de toute nécessité, surveiller le chargement de nos bagages, vu que la population d'El-Mézarê est fort mal famée ; nous n'avons pu nous mettre en route qu'à huit heures et demie. Le vent s'est calmé ; mais si la pluie ne tombe pas encore, le ciel est couvert de gros nuages qui ne nous présagent rien de bon.

Longeant le côté occidental d'El-Mezarê, nous sommes allés gravir le flanc difficile de la vallée qui couvre au nord le village de Ferka. Comme nos bagages étaient restés en arrière, nous étions un peu préoccupés de leur sécurité, et il y eut même un moment où un coup de feu, parti de Ferka, nous força de nous arrêter, et nous fit penser à une attaque. Il n'y avait rien de cela, heureusement. C'étaient des *amis* qui causaient à coups de fusil, et quand nous vîmes enfin notre caravane s'engager tranquillement sur le chemin que nous venions de suivre, nous reprîmes notre marche.

Nous avons fait à Iskakeh la halte du déjeuner, à côté d'un magnifique bouquet d'amandiers en fleurs et de riches vignobles. Les habitants du village sont bien vite venus nous examiner comme des bêtes curieuses, et nous ont fourni l'eau nécessaire à notre repas. L'un d'eux m'a vendu pour deux piastres une monnaie dentelée d'un Séleucus, en moyen bronze, trouvée par lui en travaillant la terre. Pendant que nous étions attablés contre des rochers qui bordent le chemin, un courrier expédié par Barrère nous a rattrapés; il m'apportait des nouvelles de France et de Jaffa. Toutes mes caisses sont non seulement arrivées sans mésaventure, mais encore elles ont été embarquées le jour même à bord d'un navire des Messageries impériales. Inutile de dire la joie que m'a causée la venue de ce brave homme ; il m'en a coûté vingt francs, mais je ne les regrette pas. Ce dont, soit dit entre parenthèses, la venue m'a été beaucoup moins agréable, c'est la pluie qui a fait son apparition pendant notre repas. Heureusement, ce n'a été qu'une averse passagère.

Nous avions dépassé Haouara de quelques minutes, lorsque nous avons vu arriver au-devant de nous une bande nombreuse de cavaliers. C'étaient le frère d'Haoulou-Pacha, gouverneur de Naplouse, un effendi de la ville, et un jeune chef de Samaritains, nommé Yakoub-ech-Cheleby, qui venaient à notre rencontre, accompagnés de cavaliers réguliers et de bachi-bozouks, pour nous souhaiter la bienvenue de la part du pacha, et nous faire une escorte d'honneur jusqu'à notre campement. Il va sans dire que tout le fratin s'est donné à cœur joie d'une fantasia enragée, pendant que je causais avec le Samaritain. Nous avons ainsi longé presque toute la Makhnah, en cheminant au bas du Garizim, sur le sommet duquel j'ai reconnu l'oualy du Cheikh-Rhanem, au grand étonnement de mes interlocuteurs, qui ne pouvaient comprendre comment je savais aussi bien les noms de lieu de leur pays. Or, ces noms, je les avais tous relevés dans mon premier voyage ; rien donc d'étonnant à ce que j'en eusse conservé le souvenir. Nous avons suivi le fond de la vallée de Naplouse, en passant devant le puits de la Samaritaine et le tombeau de Joseph. Traversant ensuite de grands amas de cendres, analogues à ceux de Jérusalem, nous avons longé le faubourg de Naplouse et atteint, enfin notre campement à ma très grande satisfaction ; j'avoue que j'étais exténué. Il est de fait que la route avait été longue et pénible.

Au moment où nous avons été sur le point de mettre pied à terre, zaptiés et bachi-bozouks se sont rangés en bataille sur notre droite, pour nous saluer militairement, eux et les chefs qui les accompagnaient. Grand merci ! je sais ce qu'il m'en coûtera.

Je n'étais pas installé dans ma tente depuis un quart d'heure que S. E. Haoulou-Pacha en personne venait me faire une visite. C'est un homme très affable et très bien élevé, avec lequel j'ai été ravi de causer pendant une demi-heure. Comme il est de Damas, où, par parenthèse, il a empêché le massacre des chrétiens dans tout le quartier du Meydan dont il était le chef, sa langue maternelle est l'arabe. Nous avons donc pu nous entretenir à l'aise, sans l'intervention d'un drogman, ce qui est toujours fort agréable. Il m'a offert ses services le plus gracieusement du monde, et pour la sécurité de notre petit camp, j'ai accepté une garde de zaptiés, qui doit veiller toute la nuit autour de nos tentes.

Au moment où nous nous sommes mis à table, la pluie a commencé à tomber, mais faiblement. Comme demain, nous allons travailler au Garizim, il serait bien à désirer que le mauvais temps nous fît grâce.

25 décembre.

Hier soir, Yakoub-ech-Cheleby m'a apporté, bien enroulés dans un vieux mouchoir et cachés sur son sein, trois feuillets doubles d'un beau Pentateuque samaritain manuscrit, datant très probablement de quelques siècles. J'aurais voulu obtenir de lui qu'il m'apportât le livre tout entier, mais ma prière n'a pas été accueillie. Le gaillard aime bien mieux débiter son vieux bouquin feuille par feuille et à tout venant. Il en tire ainsi un parti superbe, et au prix qu'il vend les feuillets détachés, il doit naturellement avoir une prédilection marquée pour le commerce de détail. Il m'a fait aussi des propositions, à propos d'une grande inscription samaritaine qu'il possède, et qu'il ne serait pas fâché d'échanger contre de belles et bonnes pièces de vingt francs. Cette inscription, découverte à Naplouse, a été publiée par M. Rosen, consul de Prusse à Jérusalem, avec une autre assez semblable, qui se trouve encastrée dans la base d'un minaret. Ce sont deux pierres fort curieuses, et qu'un musée devrait s'efforcer d'acquérir. Certes, les monuments de ce genre ne sont pas communs, et je ne connais pas d'autre inscription samaritaine que les deux que je viens de citer.

De très bonne heure nous nous sommes mis en route, pour aller passer notre journée au Garizim, dont j'étais très désireux de revoir les ruines. Elles sont véritablement immenses et représentent bien une ville considérable. J'avais recueilli dans mon premier voyage le nom «*Louza*» de cette ville antique; mais ce nom avait été assez mal accueilli, comme entaché d'invraisemblance et probablement d'imagination de ma part; cette fois encore, ce nom m'a été répété, comme authentique, par tous ceux que j'ai consultés à ce sujet. M. V. Guérin lui-même est aujourd'hui pleinement édifié sur l'existence d'une ville très étendue, nommée Louza, et située au sommet du Garizim.

Les ruines du temple n'ont guère subi de modifications depuis treize ans. Les restes de la grande porte d'entrée ont cependant disparu, et ont été remplacés par un mur moderne. Cette porte était flanquée de petites cellules, et sur le linteau de l'une d'elles a été gravée fort maladroitement une croix grecque, placée là certainement à l'époque byzantine. J'ai examiné avec la plus grande attention les restes de l'édifice placé au centre de la cour. Aujourd'hui, il est pour moi contemporain, ou peu s'en faut, de l'enceinte. Celle-ci est formée de gros blocs, à bossage assez grossier. Mais toute l'attention que j'ai apportée à l'examen de ce curieux monument n'a fait que me confirmer dans mes idées premièr.s. C'est bien là ce qui reste du temple des Samaritains, détruit par Hyrcan.

Nous avons parcouru dans tous les sens les ruines de Louza, et nous nous sommes ainsi assurés surabondamment que c'était une ville importante. En deux ou trois points existent des plates-formes de roc, inclinées de façon à faire écouler l'eau des pluies dans de larges citernes; une de ces plates-formes m'avait été jadis désignée, par un Samaritain, comme étant le lieu sacré de l'immolation des victimes pascales; mais il n'y a pas une seule raison à donner pour cela. La tradition sans doute doit être respectée, mais au Garizim, on prend si souvent celle-ci en défaut qu'on peut sans scrupule lui préférer la logique.

La fameuse plate-forme de pierres brutes, considérée comme l'œuvre de Josué, a, cette fois encore, été étudiée avec soin, et j'ai de la peine à avoir confiance dans ce nouveau point de tradition. Il n'y a là ni dix, ni douze pierres; il y en a un nombre beaucoup plus considérable, malgré le nom de Tenâcher-Balathah (les douze pierres) que ce lieu continue à porter. Tout bien considéré, cette plate-forme pourrait bien avoir appartenu à un sanctuaire antérieur au temple des Samaritains.

En parcourant les ruines de Louza, on reconnaît très facilement les rues, qui étaient pavées et fort étroites. De chaque côté de ces chaussées sont les restes des habitations, dans lesquelles les salles avec abside circulaire sont très fréquentes.

Je tenais à voir le lieu où le sacrifice pascal s'est fait l'an dernier, et Yaçoub m'y a conduit sans la moindre difficulté. Tout au bas de la plate-forme qui supporte les ruines du temple, et parmi les décombres de la ville, j'ai trouvé un simple trou creusé en terre, et à côté, un autre trou qui a servi à rôtir les victimes, et où se reconnaissent indubitablement les traces du feu de l'holocauste.

A trois heures seulement, nous avons quitté le sommet du Garizim, notre besogne étant terminée. Certes, la montée qui y conduit est infernale, mais la descente semble pire encore.

De retour à ma tente, j'ai reçu le curé de Naplouse, qui m'a longuement entretenu du pays ; puis, avec Mattiah, je suis entré en ville, pour aller rendre à S. Exc. Haoulou-Pacha la visite qu'il m'avait faite la veille au soir. J'ai été reçu à merveille, et j'ai été tout étonné de me voir offrir d'excellent thé, avant le café. Voilà donc une mode nouvelle qui va s'infiltrer chez les musulmans.

A la nuit, je suis revenu à notre camp. Il pleuvait, hélas ! Que sera-ce demain ?

26 décembre.

Il a plu à verse une bonne partie de la nuit, et avant que le jour fût venu, nous étions un peu incertains de ce que nous devions faire. Fallait-il nous mettre en route? Fallait-il attendre, et perdre ainsi Dieu sait combien de jours ? La sagesse a prévalu dans notre conseil, et nous affublant bravement de nos caoutchoucs, nous avons quitté Naplouse, presque en même temps qu'un officier du pacha, escorté de quelques cavaliers, et portant, je ne sais où, de l'argent perçu par les collecteurs de l'impôt. Je ne mentionne ce fait que pour raconter une anecdote philologique, relative à mon excellent ami, l'abbé Michon. L'abbé monte un cheval des plus désagréables, que le voisinage d'une jument met dans des accès de fureur intraitables, dont nous avions eu déjà des échantillons à Haouara et à notre camp de Naplouse. Un des bachi-bozouks d'escorte, un peu attardé, vient à passer à distance, mais trop près de la monture de l'abbé ; celle-ci se met à ruer immédiatement, et le cavalier ne trouve rien de mieux à dire, pour se débarrasser de ce voisinage désobligeant, que ces mots :

— Rouh ! rouh ! à cause de mon cheval !

Le premier mot, prononcé à la diable, ne fut pas compris, tout arabe qu'il était, et les autres, quoique vociférés de bon cœur, le furent encore moins ; si bien qu'il fallut l'intervention de l'un de nous, pour faire gagner au pied le bachi-bozouk malencontreux. Mon pauvre ami l'abbé n'a décidément pas de vocation pour la pratique des langues de l'Orient.

Nous avons déjeuné près du village de

Djébâa, puis nous avons traversé tout le merdj de Sanour, qui est déjà fort effondré, et dans lequel on risque à chaque pas de voir son cheval s'enfoncer jusqu'au ventre. De Sanour nous avons gagné Kabatieh, que nous avons eu le tort de traverser; car si c'est un beau et grand village, il est d'une affreuse malpropreté, et jonché, pour le moment, de carcasses de bestiaux, morts de l'épizootie régnante. Laisser toutes ces charognes se putréfier sur place, c'est assurément employer le meilleur moyen pour faire périr tout ce qui vit encore. Mais ce n'est pas mon affaire. Au delà et au-dessous de Kabatieh, nous avons fait une halte de près d'une heure, pour prendre le café et nous reposer un peu. La pluie, de violente qu'elle était pendant toute la matinée, est devenue très légère et fort supportable, quand elle ne s'arrête même pas tout à fait. Je recommande aux amateurs de casse-cou la descente de Djebâa et la route de Kabatieh passant par le village. C'est d'un mauvais transcendant.

A cinq heures et demie nous arrivions à Djenin, dans la prairie qui couvre le village à l'ouest. Nos bagages, qui nous avaient croisés au bas de Kabatieh, étaient à destination depuis longtemps, et nos tentes toutes prêtes.

En face d'elles se dressaient trois autres

tentes, occupées par quelques dames anglaises, dont deux fort jeunes et fort jolies, que convoie un petit clergiman d'une vingtaine d'années. Nous n'avons guère fait plus d'attention à leur voisinage qu'ils n'en ont fait au nôtre, et la nuit s'est passée le plus tranquillement du monde, dans une humidité complète, venant d'en bas aussi bien que d'en haut.

Depuis quelques jours j'ai, après l'étape, les genoux disloqués, de façon à souffrir des douleurs intolérables, au moment où je mets pied à terre. Cela tient à l'étroitesse de mes étriers, dans lesquels je puis à peine engager le bout du pied. Je crie, je tempête, je fais du mauvais sang, parce que je prends pour les effets d'une affection rhumatismale ces douleurs dont je ne devine pas encore la cause. Jusqu'à Thabarieh j'ai vécu là-dessus; mais là, m'étant avisé de faire remplacer mes étriers microscopiques par de bons vieux étriers, dans lesquels j'entrais à volonté jusqu'au talon, j'ai été tout surpris de voir le prétendu rhumatisme s'évanouir comme par enchantement. Avis au lecteur!

27 décembre.

Partant de Djenin *par la pluie*, nous sommes arrivés à Zerayn *par la pluie*, après avoir, *par la pluie*, vainement exploré le site illustre de Jezraël, afin d'y rechercher quelque débris du bon temps. Nous n'y avons trouvé qu'une voûte d'apparence romaine, et quelques sarcophages de la même époque, auprès de la « mare de la Morte » Ayn-el Maïteh.

Repartis *par la pluie*, après une halte de trois quarts d'heure, nous sommes arrivés *par la pluie* à El-Fouleh; là, nous nous sommes abrités, comme nous l'avons pu, le long des vieilles murailles du *Castrum fabœ*, et nous avons procédé à notre déjeuner. Il va sans dire qu'il a été inutile de mettre de l'eau dans notre vin, le ciel se chargeant largement de ce soin hygiénique.

Pendant notre repas est arrivé, à cheval et suivi de deux beaux lévriers, un jeune homme, auquel les fellahs d'El-Fouleh se sont empressés de rendre tous les honneurs possibles, de l'air le plus humble. Le personnage en question était le cheikh Ahmed-ibn-ech-cheikh-Ibrahim-es-Sâady, chef des Bédouins qui pressurent les pauvres habitants de la plaine d'Estrelon. Ce malotru est venu s'asseoir insolemment à deux pas de nous, sans nous adresser le moindre salut. Nous lui avons rendu politesse pour politesse; ni pipe, ni café pour lui; en revanche, j'ai donné quelques débris de poulet à ses chiens; au bout d'un quart d'heure, le drôle est parti, aussi mystifié que furieux. Il ne s'est éloigné, du reste, qu'après avoir reçu de Mohammed le conseil de se montrer mieux élevé une autre fois. Ce monsieur avait probablement pensé qu'il devait être reçu par nous, comme par les malheureux qu'il exploite; il s'était grossièrement trompé. A impertinent, impertinent et demi. Nous l'avons vù remonter à cheval, malgré les supplications des fellahs, qui ne savaient trop quelle contenance faire, avec le doigt entre l'écorce et l'arbre; pour tout salut, nous avons ricané à son nez et à sa barbe, et il s'est éloigné, comme il était venu, insolemment, mais enrageant de bon cœur.

Après le déjeuner, la pluie a fait trêve, et nous avons pu traverser le reste de la plaine d'Esdrelon, à sec par le haut, mais singulièrement mouillés par le bas. J'avais gardé un déplorable souvenir de certain point, où les chevaux ont bien de la peine à passer sans mésaventure. Mauss seul a payé le tribut à ce mauvais pas, mais heureusement sans autre mal que la peur. Un peu plus loin sont arrivés au-devant de nous, et à fond de train, six ou sept parents de Mohammed, qui nous ont régalés d'une fantasia endiablée. Comment tout ce monde-là ne se casse-t-il pas le cou en cinq minutes ? je n'en sais rien. Enfin, nous avons atteint le pied des montagnes, gravi l'espèce de lit de torrent qui est la grande route de Nazareth, et été prendre gîte à la Casa-Nuova.

Une fois reposé, je me suis fait conduire chez les dames de Nazareth, où je savais devoir trouver la mère Devaux, que j'avais eu l'extrême plaisir de voir à Jérusalem quelques semaines auparavant. Ces excellentes femmes m'ont fait visiter leur maison en détail, et j'ai sincèrement admiré les résultats auxquels peut arriver la persévérance, aidée des ressources les plus faibles. De retour à Casa-Nuova, j'ai reçu la visite du P. Gesualdo, gardien de la maison de terre sainte de Nazareth, accompagné d'un autre Père, et d'un prêtre français, qui est l'aumônier des sœurs que je venais de voir. Après leur départ, nous nous sommes tous rendus chez Mohammed, qui nous offrait à dîner. Son fils Ahmed, beau garçon ressemblant trait pour trait à son père, était venu nous chercher, muni d'une lanterne qui n'était pas de luxe, vu l'état des rues de la ville. Tous les chefs de la famille de notre hôte nous attendaient, et le café et la pipe ont été offerts à la ronde à tout le monde, avant que le dîner ne nous fût annoncé. Ce dîner, entièrement composé de mets arabes, était servi avec tout le petit mobilier de Mattiah, et il avait véritablement très bon air. Mes amis y ont fait honneur ; pour ma part, j'étais trop fatigué pour ne pas me contenter d'un peu de potage et de coubbeh.

Après le festin, nous avons fait une nouvelle et longue station au divan de Mohammed. Là nous attendaient tous les amis de celui-ci, et entre autres un digne homme, pour lequel je me suis immédiatement senti une très grande sympathie ; c'est le cheikh Emyn-Effendy-el-Fâhoum, cadhi de Nazareth. Nous avons longuement causé du pays et de notre ami commun. Quand tous les invités musulmans ont été partis, Mohammed a fait venir sa femme et ses enfants, tous à visage découvert, et nous sommes restés encore une heure à bavarder.

Il était plus de dix heures quand nous sommes rentrés à la Casa-Nuova. Le temps était splendide, et la lune, accompagnée des étoiles, brillait du plus vif éclat ; il n'y a plus un nuage au ciel. Cela durera-t-il ? C'est ce que nous verrons demain, en gagnant Habarieh.

28 décembre.

Avant le départ, je suis allé revoir, avec l'abbé, le sanctuaire de Nazareth, et faire ma visite d'adieu au Père gardien. A peine étions-nous à cheval que le temps s'est gâté. Le vent a sauté au sud ; la pluie ne peut donc manquer d'arriver.

Les routes sont déjà détestables ; que sera-ce après quelques jours de pluie ? Nous avons marché assez rondement, et l'heure du déjeuner étant arrivée, nous avons fait halte à onze heures et demie, auprès d'un puits comblé, situé à la hauteur de Tourân, gros village qui se voit à gauche de notre route.

A la sortie de Kafr-Kenna, Louis nous a fait assister à une belle chasse aux perdrix. Nous longions des mâquis, où cet excellent gibier pullule, et il a eu l'esprit d'en abattre quelques pièces pour notre dîner. Malheureusement, la pluie est arrivée, et nous déjeunons avec accompagnement d'averse. Nos malheureux chevaux, qui ont bien l'air d'être nourris à coups de kourbach, sont plus contents encore que nous de cette halte forcée. L'herbe est douce et tendre, et les pauvres bêtes s'en donnent à cœur joie. Salzmann nous fait admirer l'appétit de sa monture qui, n'ayant rien de mieux à manger, avait essayé de dévorer sa sangle.

Après une heure de repos, nous avons repris notre chemin sous une pluie battante. Je renonce à décrire l'affreuse bourrasque de vent et de pluie qui nous a pris, pour nous martyriser, pendant tout le temps que nous avons mis à traverser la plaine de Hattin. On s'engage enfin, à travers des affleurements de basalte, sur la descente qui mène à Thabarieh. De la pierre des Cinq Pains, il faut plus d'une heure de marche obstinée pour atteindre la ville, où nous sommes arrivés dans un état pitoyable. Nos tentes étaient dressées dans la grande avant-cour du Qalâah, et j'avoue que nous avons été bien heureux d'y trouver enfin un refuge. Le lac de Tibériade, cette merveille de lumière, était tristement perdu dans une brume si épaisse, qu'il était absolument impossible de discerner autre chose que les remparts démantelés et les maisons à demi ruinées de la ville de Tancrède.

Le découragement commence à me prendre. Serai-je donc forcé de renoncer, par suite du mauvais temps, à toutes les intéressantes explorations que je m'étais promis de faire en suivant cette route? Ce sera pour moi un bien grand crève-cœur. En attendant, comme le mauvais temps ne fait que croître et enlaidir, je dépense mes heures à me désoler et à exhaler ma colère. Quels beaux et spirituels remèdes! Il est de fait que la perspective des journées suivantes n'est pas gracieuse. A chaque demi-heure, la tempête devient plus affreuse; combien durera-t-elle? Il n'y a pourtant plus à reculer maintenant, et, que nous passions par une route ou par une autre, il est bien évident que nous aurons toujours à fournir une course de six à sept jours pour arriver à Beyrouth. Quant à faire des recherches archéologiques sur notre chemin, il n'y faut plus penser. C'est bien la mauvaise saison ; ce sont bien les affreuses pluies de l'hivernage syrien qui ont commencé. Le mieux qui puisse nous arriver maintenant, c'est d'éviter quelque bonne maladie.

Après notre dîner, qui n'a pas été gai, grâce à ces fâcheuses impressions, nous nous sommes dépêchés de nous mettre au lit, au risque d'être noyés dans nos tentes pendant la nuit. Ah ! que le proverbe arabe est sage ! «*Min iesafer fy'l-kanoun, houa meidjnoun.*» « Celui qui se met en route dans le mois de kanoun est un fou. » Nous sommes, hélas ! en plein kanoun.

29 décembre.

La nuit a singulièrement dépassé notre attente, et elle a été bien plus mauvaise encore que nous ne devions le penser. Mattiah n'a pas cessé d'être sur pied avec tout son monde, afin de creuser autour de nos tentes des rigoles, par lesquelles l'eau pût s'écouler, comme eussent fait de vrais torrents. Gélis,

Salzmann, Mauss et Gaillardot ont dû, vers minuit, chercher un refuge dans les ruines du château, où ils n'ont guère été plus à sec qu'en plein air. Comme ma tente a un double toit qui fait fonction de parapluie, l'abbé, Louis et moi, nous avons tenu bon, mais nous sommes figés par l'humidité et par la froidure. A notre lever, la tempête s'est encore aggravée. Il faudrait être fou à lier pour se mettre en route. Nous voilà donc emprisonnés à Thabarieh.

Une bonne scène a un peu égayé notre misérable situation. Lorsque Aly est venu chercher les ordres de Gaillardot, qui était mouillé jusqu'aux os, celui-ci s'est précipité sur son serviteur, et le tâtant sur toutes les coutures :

— Ya khanzyr ! enté nâchef ! a-t-il crié avec fureur ; « Animal, tu n'es pas mouillé! » Où as-tu passé la nuit? Et Aly lui raconte naïvement qu'il s'est mis à sec entre les quatre jambes d'un cheval.

Il s'agissait de trouver un gîte. Mattiah a couru au plus vite chez Weyseman, l'hôte qui nous avait si bien étrillés treize ans auparavant ; son marché fait, nous nous sommes précipités vers notre nouveau logement, à travers des rues transformées en rivières ou en cloaques infects. Le pauvre Weyseman n'a pas fait fortune, tant s'en faut. Tout chez lui est en ruine, surtout sa femme, qui était si belle alors, et qui aujourd'hui n'est plus qu'une hideuse vieille. Nous nous sommes empilés dans l'ancienne salle à manger du rez-de-chaussée, le premier étage étant occupé à demeure par une famille juive.

Le bas-relief, représentant le chandelier à sept branches, que j'avais dessiné autrefois, est toujours à sa place; l'envie me prend de l'emporter, et maître Weyseman ne se fait pas tirer l'oreille. Pour trois medjidiés, c'est-à-dire quinze francs environ, il s'engage à faire arracher la pierre de la muraille et à me la livrer. Aussitôt dit, aussitôt fait. Deux heures après, j'étais le légitime propriétaire de ce curieux morceau.

Après midi, le soleil s'étant avisé, par-ci par-là, de percer les nuages et de luire entre deux averses, je me suis mis en route, pour aller chercher des insectes, avec Louis et Mohammed; nous avons fait une chasse magnifique. A la tombée du jour, nous rentrions à notre gîte, et en passant j'examinais la maison du cadhi. Un perron quadrangulaire, dans lequel sont encastrés des tronçons de colonne en basalte, est placé en avant de cette misérable maison; le seuil est formé d'un énorme bas-relief, également en basalte, qui représente deux groupes affrontés, composés chacun d'un lion qui dévore un bœuf ou un antilope. De quel monument provient ce bas relief? Je l'ignore, mais à coup sûr ce n'est pas loin de là qu'il a été trouvé. A quelques pas plus loin gît à terre une belle vasque de granit rose, ayant peutêtre servi à quelque pressoir. Ce qui est certain, c'est que ce morceau est antique, car la roche dans laquelle il a été taillé vient très probablement d'Egypte.

30 décembre.

Au réveil, il pleuvait, mais modérément, et de temps en temps, il y avait des éclaircies, malheureusement de courte durée. Nous avons eu bien vite pris notre parti. En route ! Adieu tout espoir de nouvelles découvertes ! Réfugions-nous à Beyrouth le plus rapidement possible.

Le chargement de nos bagages a été d'une longueur interminable, et il était plus de neuf heures et demie lorsque nous avons pu enfin sortir de Thabarieh. Nous n'avions pas fait cinq cents pas que nous étions trempés jusqu'aux os par la plus désastreuse des averses. Mais il n'y avait plus à s'en dédire, et nous avons bravement continué notre marche vers Safed, que nous espérions atteindre dans la soirée. A partir de là, nous nous regardions comme sauvés, mais il fallait y arriver.

Une fois à El-Medjdel, nous avons constamment suivi le flanc des coteaux qui dominent le Rhoueyr, c'est-à-dire la jolie petite plaine de Gennezareth, celle-ci étant absolument impraticable. Bien nous a pris de rencontrer une espèce de bandit bédouin qui nous a, moyennant quelques piastres, guidés à travers les fondrières les plus affreuses; sans lui, nous nous y fussions enterrés jusqu'au dernier. Cet homme appartenait à une tribu assez mal famée, et connue sous le nom de Aarab-el-Ieahib.

Nous avons, entre El-Medjdel et l'Ayn-el-Medaouarah, traversé une plaine sur laquelle se voient à profusion des pierres de petit échantillon, provenant certainement de décombres. Mais peut-on voir là les restes de Capharnaüm? C'est douteux.

Un moment j'ai cru avoir trouvé ce que je cherchais, mais j'ai été victime d'une pure illusion. Au sommet de la colline une énorme muraille basaltique se dressait, avec toute l'apparence d'un travail humain; ce n'était en réalité qu'une coulée volcanique. Plus loin et au bas de cette colline, j'ai bien vu un grand fragment de muraille romaine ou byzantine, d'assez médiocre appareil; voilà tout. Serait-ce là l'unique débris de la Capharnaüm maudite? C'est possible, mais c'est douteux.

Arrivés à Abou-Chouheh, nous nous regardions comme sortis du mauvais pas, parce que nous avions échappé aux fondrières. Nous comptions sans les torrents, et je ne sais pas trop si jamais j'ai couru danger plus grand. Trois affreux cours d'eau ont dû être traversés par nous. Au premier, tout a été assez bien ; au second, Gélis a manqué être emporté avec son cheval ; au troisième, qui longe le pied de l'escarpement que nous avions à franchir, afin de sortir du bassin du lac de Tibériade, nous avons tous failli périr. Salzmann surtout, dont le cheval trouvait plus commode de suivre le courant que de marcher contre lui, a rapidement dérivé, et il allait être emporté comme une flèche vers le lac, lorsque le cavalier s'est décidé à avoir une volonté différente de celle de sa monture, et a pu enfin atteindre l'autre rive. Il était temps! Quelques secondes de plus, l'homme et la bête étaient perdus.

Nous avions franchi ce vilain torrent, nous; mais nos bagages! J'avoue que je n'étais pas rassuré. Mattiah, Scharir et Louis sont restés au gué, pour attendre la caravane et l'aider au besoin. Le danger était assez grand pour que tous nos moukres se décidassent à quitter leurs vêtements, et à se mettre à l'eau afin de guider leurs bêtes. Avec cette précaution, tout a pu passer sans accident. Il va sans dire que le soir, une centaine de piastres de bakhchich a payé le dévouement de ces braves gens.

De là jusqu'à Safed, nous avons joui du soleil pendant une demi-heure à peu près. Mais quelle route et quelles fondrières ! Nous avons fait une halte de quelques minutes au hameau, où nous avions trouvé, à notre précédent voyage, une députation de Juifs, envoyés de Safed au-devant de M. Gustave de Rothschild. Nos chevaux en avaient grand besoin, et nous-mêmes étions déjà très fatigués. Pendant cette halte, j'ai longuement examiné la montagne à pic qui domine le hameau. On jurerait que cette montagne est percée de grottes, taillées de main d'homme, et cependant il me paraît certain que toutes ces excavations sont des vides naturels, formés par la chute de blocs de rocher, qui se seront détachés de la masse par une cause ou par une autre. Comment aurait-on pu parvenir aux points tout à fait inaccessibles où se montrent ces ouvertures ? Il y a là, ce me semble, une impossibilité absolue.

Il fallait enfin se remettre en marche, et je me figurais que Safed était près de nous. Mon illusion n'a pas tardé à se dissiper de la façon la plus désagréable. Nous n'avions pas commencé à gravir la côte qui se présentait devant nous, qu'une pluie affreuse est venue, et à mesure que nous nous élevions, la neige se mêlait à la pluie. A la hauteur de Safed, nous étions au milieu d'une véritable tourmente de neige. Je n'essaierai pas de décrire ce que nous avons souffert pendant cette dernière heure de notre voyage du jour. Nous étions tous glacés. Salzmann surtout avait été saisi par le froid. Il lui semblait qu'il allait périr ; la somnolence la plus invincible l'accablait, et il avait, pour ainsi dire, perdu l'usage de la parole. Placé derrière lui, je l'encourageais de mon mieux, et je ne cessais de lui parler pour le tenir éveillé. Je n'en pouvais plus tirer que cette réponse : « Je vais mourir. » Qu'on juge si j'étais en proie à une horrible inquiétude !

Enfin nous voilà à Safed, Dieu soit loué ! Mais Mattiah nous fourvoie dans les ruelles étroites et glacées de cette affreuse ville, et après y avoir cheminé péniblement pendant vingt minutes, il nous fallut revenir sur nos pas, en quête d'un gîte que notre guide n'avait pas su trouver. A la lettre, Salzmann était plus qu'à moitié mort. Il ne soufflait plus mot, et son cheval le portait à sa guise, car pour lui, il était désormais incapable de le diriger. Il n'y avait plus une minute à perdre; si nous ne le réchauffions pas au plus vite, il était infailliblement perdu! Je jurais à faire crouler le ciel sur nos têtes, accablant d'injures exaspérées toutes les brutes que je voyais sur le seuil de leurs portes, regardant avec curiosité ce que nous allions devenir. Enfin un homme, que j'avais aperçu déjà, en entrant dans la ville, m'adressa la parole en français, et m'engagea à m'arrêter chez lui, en m'appelant par mon nom. Il était temps!

Il nous faut descendre de dessus sa selle Salzmann qui est tout à fait sans connaissance. Nous l'emportons dans l'appartement sur lequel ouvre la porte où nous a arrêtés notre sauveur. O bonheur inespéré! là est un poêle à la russe! là règne la température la plus douce! Nous déposons notre ami sur une chaise, et je demande instamment du raki. On m'en apporte une bouteille, et j'en ingurgite un plein verre au pauvre garçon. Il y avait de quoi asphyxier un cuirassier et son cheval, mais cette infernale boisson, aidée de quelques bonnes frictions, ressuscite notre malade. Un quart d'heure après, il était bien un peu gris, comme nous tous d'ailleurs, car nous nous étions appliqué le même cordial à pareille dose, mais il était sauvé, et il ne tarissait pas en expressions passionnées, pour peindre le bonheur de goûter une si délicieuse chaleur. Allons! nous en étions encore une fois quittes pour la peur!

J'étais grandement intrigué, on peut le croire, de m'être entendu appeler par mon nom, par le brave homme qui nous avait spontanément offert l'asile dont nous avions si grand besoin, au moment où nous l'avions rencontré. Une fois donc que j'ai été rassuré sur le sort de mon ami, je me suis dépêché de faire subir un petit interrogatoire à mon digne hôte.

— Laissez-moi, monsieur, lui ai-je dit, vous remercier d'abord de l'accueil si bienveillant que j'ai reçu de vous ; mais permettez-moi aussi d'être un peu étonné de ce vous m'avez adressé la parole, en vous servant de mon nom, car mon nom ne peut vous être connu que par une circonstance dont je ne me rends pas compte.

— Depuis hier, monsieur, me répondit-il, votre nom a été prononcé tant de fois devant moi, que je n'ai pas hésité à vous l'appliquer.

— Comment cela se fait-il ?

— Voici. Votre vie est en danger à Safed, et c'est pour cela que j'ai tenu à ce que vous descendissiez chez moi.

— Ah ! bah !

— Oui, rien n'est plus vrai. Hier, il est arrivé ici un Arabe à cheval, porteur d'une lettre sans signature, adressée de Jérusalem au grand rabbin de Safed, et lui annonçant que vous avez enlevé le tombeau de Jacob le patriarche, et celui de Joseph aussi ; que vous avez profané les restes de ces deux saints personnages, et qu'il serait bon que la communauté juive de Safed avisât aux moyens de vous punir de cet odieux sacrilége. Cette lettre, écrite en hébreu, est, ainsi que je vous le disais, sans signature, son auteur avouant naïvement qu'il tient à ne pas se compromettre, parce que vous n'êtes pas le premier venu. J'ai voulu faire arrêter le messager arabe, dès que j'ai eu connaissance de la chose, mais il avait déguerpi au plus vite, aussitôt sa commission faite. Vous comprenez maintenant, monsieur, qu'il était de mon devoir de veiller sur vous et vos amis, et c'est ce que j'ai fait sans hésiter. Depuis hier, toute la population juive de Safed est en ébullition.

— Mais savez-vous que c'est terrible, cela, mon cher monsieur? Comment, me voilà en péril de mort, pour avoir enlevé des tombeaux qui n'existent plus depuis des milliers d'années ! Convenez au moins que c'est du guignon ?

— Oh ! monsieur, chez moi vous ne risquez rien ; votre personne est sacrée.

— Je vous suis bien reconnaissant. Mais, dites-moi, combien sont-ils en tout, les bonnes gens qui veulent nous mettre à mal?

— Sept mille.

— Diable, c'est beaucoup! Et nous ne sommes que sept! J'ai peur que cela ne soit insuffisant. Il y a des musulmans ici, n'est ce pas?

— Oui, en petit nombre; quinze cents au plus.

— Attendez, je vous prie, un instant.

Et m'adressant à Mohammed :

— *Ya! Mohammed!* Hé! Mohammed!

— *Eich?* Quoi?

— *Semâat entè?* As-tu entendu?

— *Nâam*. Oui.

— Eh bien! mon brave, va prévenir tes parents et tes amis de ce qui m'arrive. (Mohammed, qui s'appelle Es-Safedy, est au milieu des siens à Safed).

— C'est fait.

— Comment, c'est fait?

— Oui; un cousin m'a conté la chose en deux mots, à notre entrée dans la ville; ils sont tous prêts. Si tu tires un coup de pistolet, ils viendront à ton aide, sans qu'il en manque un seul, et ils en ont une envie terrible.

— *Thaïeb!* C'est bien!

— Monsieur, dis-je alors au vice-consul autrichien, car j'avais affaire à ce personnage, vous pouvez être parfaitement rassuré. Ceux qui voulaient me manger feront comme les colimaçons; ils rentreront leurs cornes et seront gentils comme des petits agneaux. Car, si, pour leur malheur, ils avaient une autre idée, ils auraient d'abord affaire à sept fusils et à sept revolvers, ce qui fait un petit total de cinquante-six balles à leur service. Or, avec nous, tout coup porte; soyez assez bon, je vous prie, pour les en prévenir. Quant à l'intervention des musulmans dans la querelle, je présume que nos ennemis féroces savent déjà sur quoi ils peuvent compter, et je vous le dis avec une pleine confiance, nous passerons la soirée et la nuit les plus calmes qui se puissent imaginer. J'ai une dernière grâce à vous demander; c'est de me faire l'honneur d'accepter, *chez vous*, mon dîner de voyageur. Dans une heure nous nous mettrons à table.

Mon invitation fut accueillie avec une grâce parfaite, et une heure après, nous dînions le plus gaîment du monde. Notre hôte était allé aux nouvelles, et il nous était revenu avec les renseignements bouffons que voici : mes massacreurs, peu flattés de l'issue probable de toute tentative sur nos personnes, s'étaient réunis, avaient délibéré, et décidé que, puisque nous étions assez mal élevés pour être résolus à nous défendre et à les démolir le plus possible, il était prudent de charger le ciel d'une vengeance, qui pouvait devenir malsaine pour les habitants de la terre. En conséquence, un jeûne et des prières étaient décrétés, et pendant que les criminels mangeaient et buvaient de leur mieux, leurs victimes faisaient pieusement diète et psalmodiaient des lamentations. Amen !

Notre soirée et notre nuit ont été délicieuses. Jamais, depuis notre voyage, nous n'avions si agréablement reposé.

Dans la soirée, il s'est bien faufilé, par-ci par-là, quelques curieux, tenant à vérifier si nos bagages ne contenaient pas, en réalité, les tombeaux de Jacob et de Joseph. Cela leur a valu quelques taloches, qui les ont aidés puissamment à reconnaître que nous n'avions rien de suspect avec nous.

31 décembre.

De très bon matin nous étions sur pied, et nous n'avons pas tardé à partir de Safed. Le temps était fort clair et très froid, car toutes les petites flaques d'eau étaient couvertes de glace. Nous comptions imprudemment sur le retour du beau temps, et nous avons été désagréablement trompés. En effet, nous n'avions pas fait une lieue que le ciel s'était couvert et qu'il pleuvait à verse; aussi la route que nous suivions était-elle exécrable.

En une heure de marche, nous avons gagné un plateau, sur lequel paissaient de nombreux troupeaux de moutons, dans le voisinage de grandes mares, dont quelques-unes, peut-être, persistent pendant la saison chaude. Ce plateau est une sorte de pâturage communal, appartenant au village d'El-Djich, la Giscala de Josèphe; il couronne une belle colline, que nous avions devant nous, et sur le flanc droit de laquelle passe la route que nous avions à suivre.

Pendant que nous contournions El-Djich, nous avons eu à prendre de très grandes précautions, pour nous tirer de plusieurs mauvais pas, grâce à des sources nombreuses et à un beau cours d'eau qui couvre la colline. Ce cours d'eau, grossi par les pluies, avait enlevé quelques tronçons de la route, de sorte qu'à plusieurs reprises, il nous a fallu faire de longs détours pour sortir d'un véritable embarras. Ajoutez à cela la persistance de la pluie, et il sera facile de comprendre que cette journée nous ait semblé longue. Pendant toute la première moitié de notre étape, ces maudites sources n'ont cessé de nous barrer le chemin. Une seule chose égayait notre triste marche : Gaillardot portait le baromètre anéroïde de Gélis, et dictait à celui-ci les observations faites aux points importants. A chaque fois, ce bon docteur, après avoir lu la cote attendue, criait à tue-tête : *Beau fixe!* Cette espèce de *scie* ne manquait jamais son effet, et provoquait d'interminables éclats de rire, qui allégeaient d'autant le poids de notre misère.

Lorsque l'heure du déjeuner a été venue, il a bien fallu nous décider à nous abriter le moins mal possible contre une roche; croyez-moi, les déjeuners sous l'eau ne sont pas précisément agréables. En nous remettant en chemin, nous avons traversé un plateau assez élevé, et sur lequel régnait un brouillard à couper au couteau; on ne voyait pas à dix pas devant soi. Cela nous a naturellement rappelé notre climat natal.

C'est au milieu de ce brouillard que nous avons passé à côté d'une localité antique, qui doit avoir été très importante, et qui mériterait bien une étude approfondie. C'est Yaroun. Nous y avons aperçu, mais sans vouloir nous y arrêter, les ruines d'un temple, d'immenses sarcophages, et des excavations sépulcrales taillées dans le roc. Celles-ci diffèrent de toutes celles que nous avions rencontrées jusqu'alors, en ce qu'elles sont ouvertes en terrain à peu près horizontal. Salzmann a été immédiatement frappé de l'identité de cette disposition, avec celle de la plupart des tombes archaïques qu'il a ouvertes à Camiros. Il n'est pas difficile de trouver quelle est la localité biblique, représentée par la Yaroun de nos jours. Dans le livre de Josué, nous trouvons mentionnée, parmi les villes de la tribu de Nephtali, Iaraoun.

Il pleuvait à verse, quand nous avons été en vue du village de Bent-Djebel, but de notre course; je dépêchai donc Mattiah pour nous y chercher un gîte. Mal en prit au pauvre garçon, car le terrain que nous avions encore à parcourir était de rocaille et hérissé d'aspérités aiguës; il fallait se résigner à n'y avancer qu'au pas et avec les plus grandes précautions. Mattiah prit imprudemment le trot, et il n'était pas à cinquante pas en avant de nous, que son cheval manqua des quatre pieds à la fois, et s'abattit tout d'une pièce sur le cavalier. Je croyais celui-ci broyé; il n'en était rien heureusement, et il en fut quitte pour quelques fortes contusions. Il eut toutes les peines du monde à se remettre en selle, et le docteur Gaillardot, tout en me rassurant sur son état, dut lui donner quelques soins. Pendant nos derniers jours de route, le pauvre diable n'alla plus que clopin-clopant.

Bent-Djebel est tout entier peuplé de Metoualis, qui sont les meilleures gens du monde. Nous allâmes tous nous établir chez un brave cordonnier, dont la maison était véritablement charmante, en comparaison de toutes les horribles baraques que nous avions rencontrées jusqu'alors. La grande salle que nous occupions avait une cheminée, devant laquelle nous nous séchâmes le mieux que nous pûmes, tout en nous enfumant comme des jambons. Cette cheminée était ornée, à droite et à gauche, d'élégantes étagères, formées d'une sorte de dentelle de terre et de bois, produit de l'industrie féminine de Bent-Djebel. Notre soirée fut très douce, et de très bonne heure nous étions tous endormis.

1er janvier 1864.

Le lendemain matin, avant six heures, nous étions tous debout, et nous nous adressions réciproquement les souhaits les plus sincères, pour notre bonheur dans l'année qui venait de commencer.

A huit heures, nous étions en route, par une pluie battante, espérant bien aller coucher à Sour, malgré la longueur de l'étape que nous avions à fournir. Nous avons, pendant plus d'une heure, aperçu constamment sur notre droite le magnifique château du moyen âge de Tibnin. De loin, il paraît en assez bon état. Nous avions à notre gauche une montagne élevée et blanchie par la neige, et entre elle et nous, des coteaux couverts de ruines importantes. L'un est celui de Démir, et l'autre celui de Chalaboun. M. Renan les ayant étudiés à loisir, nous n'avons pas pensé à les explorer. Mais il n'y a pas de moisson si bien faite qu'elle ne laisse quelques épis à glaner, et nous en avons eu la preuve dans le voisinage de Chalaboun. La route passe à travers de haut mâquis, au milieu desquels percent de tous côtés des rochers qui ont été taillés de main d'homme. Notre étonnement a été grand de nous trouver tout à coup en face d'un magnifique dolmen, entouré d'un cromlech, placé à côté et à droite du sentier difficile que nous suivions. Dix minutes après, nous voyions, à gauche de la route, un second dolmen, plus considérable encore que le premier. Peu après, nous descendions au fond de l'Ouad-Achour, dont les deux flancs sont couverts d'une véritable forêt. Sans la pluie maudite qui nous faisait trop fidèle compagnie, nous eussions admiré de grand cœur la beauté et la fraîcheur de cette route, malgré la difficulté du chemin. Il était tard, et l'heure du déjeuner était passée depuis longtemps, lorsque nous nous décidâmes à faire halte, au point où cet étroit Ouad-Achour s'élargit notablement et va couper une autre vallée. Quelques roches qui surplombent nous fournirent un abri à moitié suffisant, et bon gré mal gré, il fallut bien nous en contenter.

Nous ne nous doutions pas que nous étions, pour ainsi dire, à côté d'un très-curieux bas-relief phénicien, taillé dans le roc, et découvert par le voyageur Monroë. Ce bas-relief, M. Renan l'a fait mouler ; mais il est affreusement mutilé, et il est assez difficile de saisir le sujet qu'il représente. Un personnage royal est assis sur un trône. Devant et derrière lui sont d'autres personnages ; ceux-ci portent les insignes de la royauté ; ceux-là semblent rendre hommage au monarque. Ce bas-relief, taillé au fond d'une sorte de petite chambre, doit être d'une haute antiquité. Le malheur veut que les musulmans armés, qui passent en vue de ce curieux monument, lui envoient assez souvent des balles, en haine des représentations humaines. Cette fureur d'iconoclaste, bien plus que le temps, a mis ce bas-relief dans un état presque complet de mutilation.

Nous arrivons à Cana, que nous traversons, et une demi-heure après, nous apercevons le magnifique monument, que la tradition locale appelle le tombeau d'Hiram, et qui est placé sur la route même de Sour. Il a de magnifiques dimensions, et à coup sûr, il est d'une très haute antiquité. Les blocs qui le constituent sont de dimensions énormes, et une des assises est composée de pierres à encadrement, assez semblables aux pierres salomoniennes du Haram-ech-Chérif de Jérusalem.

J'avoue que je ne verrais absolument rien d'étonnant à ce que la tradition fût digne de foi. Quelques antiquaires ont prétendu reconnaître dans le tombeau d'Hiram un monument d'une époque récente. Je ne saurais en aucune façon admettre cela. C'est auprès de ce monument que M. Renan a trouvé la belle mosaïque de deux époques distinctes, qu'il a rapportée en France.

Derrière le Qobr-Hiram, un petit escalier descend à un caveau, qui était malheureusement plein d'eau au moment où je l'ai visité. Tout cela n'a été fouillé qu'à demi et demanderait une exploration intelligente, à la suite de laquelle seulement le tombeau d'Hiram dirait son dernier mot.

Dans le champ voisin se voient encore en place les débris gigantesques d'un pressoir de pierre.

Entre Cana et le Qobr-Hiram, on traverse un plateau de roches, offrant à chaque pas des traces énormes du travail humain, et on laisse sur sa droite une colline assez élevée, qui est couverte de ces monuments, que l'on regarde comme des pressoirs. Le nom de cette localité est chez les Arabes Omm-el-Aamid. On se demande, en voyant cette incroyable multiplicité de monuments analogues, comment tant de pressoirs de cette taille ont pu s'accumuler ainsi les uns près des autres.

Après avoir passé une heure au Qobr-Hiram, nous avons commencé à descendre dans la plaine de Sour. La pluie avait recommencé de plus belle, et le ciel, noir comme de l'encre du côté du sud-ouest, ne nous annonçait rien de bon. Nous savions, par expérience, combien les fondrières doivent être à redouter pendant la saison des grandes pluies, et nous n'étions pas parfaitement rassurés. Nous avons eu plus de peur que de mal, et il nous a été donné enfin d'atteindre sans encombre les sables du bord de la mer. Une fois là, nous étions sauvés. Vingt minutes après, nous mettions tous pied à terre dans la maison de Mgr Athanasios, archevêque melchite de Sour. C'était cet excellent prélat qui nous donnait l'hospitalité, et certes, il était difficile qu'on le fît de meilleure grâce et avec une plus parfaite affabilité. N'eût été le froid abominable, dont nous avons souffert toute la soirée, avec nos vêtements trempés jusqu'au dernier fil, nous eussions été parfaitement heureux. Aussitôt après le dîner, nous nous sommes réfugiés dans nos chambres, et l'archevêque m'ayant fait les honneurs de la sienne, je me suis empressé d'y faire dresser mon lit de voyage.

Nous étions bien arrivés jusqu'à Sour, et

le lendemain, nous irions très certainement jusqu'à Sayda sans mésaventure. Mais après, entre Sayda et Beyrouth, nous avions le Damour à traverser, et j'avoue que cette perspective me souriait médiocrement. Il n'y a pas d'année où le Damour n'entraîne quelque victime à la mer, et par l'affreux temps qu'il faisait depuis tant de jours, le passage devait être impraticable. Nous en avons longuement délibéré avant de nous coucher, et nous avons presque décidé que nous remonterions dans la montagne, en partant de Sayda, pour aller franchir le Damour sur le pont qui le traverse à sa naissance, gagner de là Deïr-el-Qamar, et enfin Beyrouth. C'est bien ennuyeux, mais qu'y faire? Il vaut mieux un peu plus de fatigue, et un grand danger de moins.

2 janvier.

Pendant la nuit, la pluie n'a cessé de tomber, et naturellement notre peur du Damour n'a fait qu'augmenter. D'un autre côté, la fatigue, le froid et l'humidité, dans laquelle nous ne cessons de patauger depuis Naplouse, nous a tous rendus malades. Jusqu'à ce matin j'avais résisté, et me voilà rudement pris. Cela me fait faire de pénibles réflexions.

Remonter dans la montagne, pour y trouver des neiges, c'était véritablement insensé, si l'on songe à l'état de la plupart d'entre nous. Au moment de monter à cheval, j'ai appris que des voyageurs avaient passé le Damour la veille, sans une ombre d'accident, et la décision prise la veille au soir a été immédiatement cassée par moi *in petto*.

De très bonne heure, l'excellent Gaillardot est venu me dire adieu ; il nous précède avec son fidèle Aly, et il est convenu que nous allons tous descendre chez lui. Ce brave ami a donc quelques dispositions à prendre, et je ne m'étonne pas qu'il se hâte de nous devancer. Recevoir d'un coup une troupe d'hôtes de notre espèce, ce n'est pas une petite affaire, surtout à Sayda.

Enfin nous voilà partis de Sour, et comme le voisinage de la Qasmieh n'est pas commode, à cause des terrains effondrés au milieu desquels elle se jette à la mer, nous suivrons, le plus que nous pourrons, le flanc des hauteurs. Quels chemins, bon Dieu !

J'ai revu le pauvre khan, où j'avais fait un séjour si grotesque treize ans auparavant, et j'ai pu arriver sans encombre au pont de la Qasmieh. De là, nous avons constamment cheminé au pied des collines. Je voulais absolument visiter cette fois la fameuse grotte d'Astarté, auprès de laquelle j'avais passé, sans m'en douter, à mon premier voyage. Après bien des recherches, des marches et des contre-marches infructueuses, Gélis, qui l'avait vue pendant la campagne de Syrie, a fini par la retrouver. J'ai donc pu examiner à l'aise ce curieux monument d'un culte plus que licencieux. Quelques petites inscriptions grecques accompagnent certains emblèmes, dont les parois de cette grotte sont tapissées. Je n'y suis pas resté assez longtemps, pour avoir la satisfaction d'apercevoir les *grafitti* phéniciens, que M. Renan y a découverts.

De la grotte d'Astarté, nous avons filé sur Adloun, par un temps beaucoup plus agréable que celui que la nuit nous avait présagé. Cette fois encore, j'ai bien regardé de tous mes yeux et de tous les côtés, pour retrouver la fameuse stèle égyptienne, que tant de voyageurs ont signalée à Adloun ; mais je n'ai pas eu plus de chance que la première fois. Il faut, je l'affirme, qu'elle soit bien oblitérée ou bien difficile à reconnaître. Je suis loin d'en nier l'existence, dont je suis parfaitement assuré ; ce que je tiens à constater, c'est qu'à deux reprises différentes, j'ai été bien malheureux ou bien maladroit.

Nous avons déjeuné fort agréablement cette fois, et sous un charmant soleil, au pied de la montagne d'Adloun ; il était une heure après midi, quand nous nous sommes remis en route. Hélas ! le soleil ne peut améliorer le chemin en si peu de temps ; il ne luit que depuis deux ou trois heures, et la voie que nous sommes condamnés à suivre est partout abominablement défoncée.

Il était presque nuit, lorsque nous sommes arrivés à Sayda. M. Durighello, vice-consul de France, était venu au-devant de nous jusqu'à près d'une lieue de la ville, et il nous a conduits directement, par la plage, au bas d'un escalier rompu, au haut duquel nous avons trouvé la maison hospitalière de notre excellent ami Gaillardot. Nous y avons été reçus à ravir par la maîtresse et par le maître de la maison, qui nous ont entourés de petits soins et installés dans les chambres d'un vrai palais. Si l'on avait toujours aussi bon gîte et aussi bonne table, on ferait bien de voyager toute sa vie.

3 janvier.

Nous nous étions couchés assez tard, et je dormais du sommeil du juste qui a parfaitement dîné après une journée fatigante, lorsqu'à deux heures du matin je m'éveillai, croyant entendre le bruit d'une averse formidable. Mes lamentations éveillèrent l'abbé, qui partageait ma chambre, et il ne se fit pas prier pour aller bien vite vérifier le fait. C'étaient les lames, déferlant à travers les rocailles de la plage, qui produisaient le bruit que j'avais pris pour celui de la pluie. Une fois rassuré sur ce point, je me hâtai de me rendormir. Au petit jour, nous nous sommes levés, et nous avons constaté avec bonheur qu'il n'avait pas plu pendant la nuit. Le ciel est couvert cependant, et c'est aujourd'hui que nous avons à traverser le Damour.

A peine debout, j'ai prié Gaillardot de me conduire au point où se voient les amas de coquilles qui ont servi, dans l'antiquité, à la fabrication de la pourpre. A Jérusalem, je lui avais adressé quelques questions à ce sujet qui m'intéressait vivement; et il m'avait promis de me faire voir ces amas prodigieux à mon passage à Sayda. Le moment était venu de lui demander de tenir sa promesse. A l'instant même nous nous mîmes en route. Redescendant sur la plage par l'escalier qui nous avait permis de la quitter la veille au soir, à notre arrivée à Sayda, nous nous trouvâmes au milieu des cordiers, qui commencent leur besogne avec le jour, et dont l'industrie s'exerce sur cette plage. Remontant, vers le sud, jusqu'au-dessous de la forteresse du moyen âge, connue sous le nom de château de Saint-Louis, nous nous mîmes à escalader une falaise de remblais, sur le flanc de laquelle affleure un amas immense de coquilles, appartenant invariablement à une seule et même espèce, du genre *Murex*, le *Murex trunculus*. Cet amas présente des dimensions colossales : plus de cent mètres de longueur sur six à huit mètres de hauteur, et une largeur qu'il n'est pas possible de reconnaître, parce que le terrain végétal qui le recouvre est garni d'herbes et de broussailles de toute nature.

J'emplis bien vite mes poches d'échantillons de la précieuse coquille, et je pus m'assurer que tous les individus qui constituent cet amas remarquable offrent, sans exception, la même particularité. Leur test a été vigoureusement entamé d'un coup de meule, sur le premier et le second tour de spire, pour permettre d'extraire la vésicule génératrice du mollusque. Ceci ne peut être l'effet du hasard, et il y a là évidemment la trace du procédé industriel, à l'aide duquel les teinturiers sidoniens se procuraient la base de leur pourpre renommée.

Après cette première excursion, qui nous a pris près d'une heure, nous revenons en hâte chez Gaillardot, où nous attendait notre premier déjeuner. Le pauvre abbé est venu subitement, tout désolé, m'annoncer la perte des calepins sur lesquels il avait accumulé ses notes et observations archéologiques. Ces malheureux calepins seront tombés, dans un des moments trop répétés où il mettait pied à terre, afin de bourrer ses poches de coquilles roulées, d'éponges et de madrépores. C'est un fâcheux échange qu'il a fait là. Mais, en pareil pays, on a la chance de retrouver sur la route qu'on a suivie les objets qu'on y a perdus; je dépêche donc à la chasse des calepins égarés un brave garçon qui, moyennant dix francs, se charge d'aller, s'il le faut, jusqu'à Sour, pour les rechercher. Après avoir choisi la petite pièce de dix francs dont j'avais besoin, j'ai eu le bon esprit de remettre l'or que j'avais dans la main à côté de la poche de mon gilet, et dans les plis de la large ceinture de laine rouge que je porte autour des reins; et nous voilà partis.

J'ai raconté la scie plaisante, inventée et pratiquée par Gaillardot à propos de nos observations barométriques; nous en avons, d'un accord unanime, mais tacite, imaginé une autre au service de l'abbé. Il nous a tant parlé d'absides et de signes lapidaires, qu'à chaque instant on lui en sert à l'envi, et les plus impossibles sont les meilleurs. Je me rappelle Gélis, s'écriant un jour : « L'abbé! accourez vite, une abside! une abside en tire-bouchon! » Et l'abbé de rire le premier de cette mauvaise plaisanterie, qui nous a fait oublier la pluie pendant quelques instants. Somme toute, nous n'engendrions pas la mélancolie, et nous nous accrochions avec ardeur aux niaiseries les plus saugrenues, lorsque celles-ci pouvaient nous aider à passer un moment désagréable. C'est en entretenant parmi nous cette gaîté, toujours prête, mais toujours cordiale, que nous avons traversé facilement nos quatre mois de misère. Je recommande ce procédé aux voyageurs futurs. Il est vrai qu'il ne peut être de mise que lorsque, dans une caravane d'exploration, il n'y a que des amis.

Notre déjeuner pris en hâte, nous avons quitté nos aimables hôtes, et nous nous sommes acheminés vers Beyrouth.

M. Durighello, avec une amabilité parfaite, a voulu nous faire la conduite, et il est parti à cheval avec nous. Sortant de Sayda par la porte qui donne sur les beaux jardins, au milieu desquels a eu lieu, il y a peu d'années, l'affreux massacre des chrétiens, nous sommes allés rejoindre la plage, que nous avons quittée à la hauteur du Nahr-Oualy, par précaution et afin de franchir cette rivière sur le pont construit à un quart de lieue, en amont. Nous aurions pu nous éviter ce détour, car l'Oualy est parfaitement guéable en ce moment. Ceci est un bon indice pour le passage du Damour, auquel nous devons arriver dans quelques heures.

Pendant tout le chemin, j'avais soigneusement semé mes pièces de vingt francs, si bien que la dernière, en tombant par hasard sur un caillou, me donna l'éveil. Je tournai la tête, pour savoir quelle était la cause de ce bruit insolite. Déjà Louis avait mis pied à terre, et il me rapportait le napoléon qui venait de glisser de ma ceinture. J'eus beau tâter dans la poche de mon gilet; elle était vide. Je déroulai ma ceinture ; il ne s'y trouvait plus qu'une pièce de dix francs. Il demeurait clair que je m'étais fort involontairement débarrassé de trois cents francs au moins. Le seul parti qui me restât à prendre, c'était certainement de n'y plus penser et d'en faire mon deuil. Ce ne fut pourtant pas l'avis de Mohammed, à qui je ne pus faire entendre raison. Il tourna bride et partit au galop, dans la direction que nous avions suivie en venant, c'est-à-dire à travers le sable le plus meuble, qui constitue presque partout la route de Sayda, jusqu'au point où j'avais commis ma fâcheuse maladresse. J'étais parfaitement convaincu que mon fidèle Mohammed en serait pour sa course, et je fus, je l'avoue, fort étonné de le voir revenir une heure après à Naby-Younès, où nous nous étions arrêtés pour déjeuner, rapportant triomphalement deux pièces de vingt francs, qu'il avait aperçues et retrouvées ensevelies, plus qu'aux trois quarts dans le sable. Vivent les Arabes pour la finesse des organes ! Avec cette rentrée inespérée, j'en étais quitte pour une douzaine de napoléons, qui, dans la suite des siècles, feront sans doute le bonheur des numismatistes.

La descente sur la belle plage de Naby-Younès est détestable et fort longue, ce qui ne l'enjolive pas, tant s'en faut. Mais que le sable est doux sous les tamariscs séculaires du khan pittoresque qui a pris la place de la phénicienne Porphyrion ! On y resterait volontiers beaucoup plus longtemps que de raison. Enfin, nous sommes repartis et nous avons atteint les bords du Damour.

Les eaux, après avoir couvert pendant les journées précédentes plus de cent mètres de chacune des rives, se sont abaissées de près de trois mètres, et, grâce à Dieu, le passage tant redouté par nous s'effectue en un clin d'œil, avec la plus grande facilité. Au moment d'atteindre la rive droite, mon cheval, malgré ses deux guides, tomba bien dans un trou ; mais j'en fus quitte pour un petit bain de pieds, et nous arrivâmes tous sains et saufs au delà du dernier obstacle sérieux, que nous avions à franchir, avant d'atteindre Beyrouth.

Du Damour au khan d'El-Khaldeh, il y a

une bonne heure de marche, mais à travers des sables continuels, ce qui est aussi fatigant qu'ennuyeux. Heureusement, les collines qui dominent la plage que nous suivons sont véritablement magnifiques. Ces collines d'un côté, et de l'autre la mer, dont la vue est toujours adorable, nous font trouver le temps moins long. Il était presque nuit lorsque nous sommes arrivés à nos tentes.

Un mot avant de quitter définitivement les bords du Damour. A deux cents pas du gué qu'il faut suivre, bon gré mal gré, pour franchir ce cours d'eau dangereux, il y a un magnifique pont, dont une seule arche a été jetée bas tout d'une pièce, par les habitants du pittoresque village, bâti sur les flancs de la montagne, et qui s'appelle Moallakat-ed-Damour. Cela est une pure affaire d'industrie. Avec un pont en bon état, il n'y aurait plus eu besoin des *pàsseurs*, qui forment la partie la plus énergique de la population de Moallakat, et comme, aux bains près qu'il faut prendre à toute heure du jour, le métier est bon et lucratif, on réparerait cent fois le pont en question (ce qui entraînerait une dépense minime), que cent fois les intéressés s'en débarrasseraient. Le gouvernement turc, appréciant ces bonnes raisons, a donc renoncé complètement à relever l'arche ruinée. Ce serait d'ailleurs faire une exception ridicule en faveur de ce point de l'empire des Osmanlis. Et si, comme je le crois, il y a un corps turc des ponts et chaussées, il me paraît évident que le premier de ses devoirs administratifs consiste à renverser les ponts et à défoncer les chaussées. Il s'en acquitte à dire d'expert.

Nous voilà à El-Khaldeh, où est arrivé presque en même temps que nous Gaillardot, qui avait passé sa matinée à Sayda, entre sa femme et ses enfants. Notre dîner, plus mauvais que d'habitude, n'en a pas moins été fort gai. N'avons-nous pas atteint le terme de notre voyage, et n'avons-nous pas lieu d'être amplement satisfaits des résultats de celui-ci? Demain, en deux ou trois heures au plus, nous serons à Beyrouth; la partie chanceuse du voyage est terminée; restera bien la traversée, mais le ciel y pourvoira.

Après le dîner, j'ai écrit dans ma tente et mis mes notes au courant, au bruit charmant de la mer, sur lequel brode le concert incessant des chacals, dont j'entends la musique pour la dernière fois. J'avoue que cette pensée me la fait trouver agréable.

4 janvier.

A sept heures et demie seulement, malgré toute notre bonne volonté de partir de très bonne heure, nous étions en marche par le plus beau temps du monde. Nous avons gagné Beyrouth tout d'une haleine, sans faire de halte en aucun point. Le Nahr-Rhadyr était très facile à franchir, et nous avons eu assez promptement atteint les pins. Là, j'ai trouvé un gros homme à cheval, qui était accouru au-devant de nous : c'est M. Constantin, l'hôte qui aspire à l'honneur de nous héberger pendant notre séjour à Beyrouth. Comme il nous promet un excellent déjeuner tout prêt, qui nous attend à son hôtel, nous avons bien vite renoncé à celui que devait nous servir Mattiah sous les pins, et à dix heures et demie, nous mettions pied à terre à la porte de notre nouveau gîte.

Je déclare qu'il m'a été impossible de reconnaître quoi que ce fût de ma chère Beyrouth. Tout est changé, tout est européanisé; en un mot, c'est aujourd'hui une ville charmante, mais elle n'a plus rien de la Beyrouth orientale, dont il ne reste que le souvenir.

5 janvier.

Le temps est magnifique; j'ai employé ma journée à voir mes amis. J'ai déjeuné chez Suquet, et je dîne chez Peretié. On voit que ma vie de voyageur vient de changer du noir au blanc, ou pour être plus juste, au rose le plus charmant.

J'ai eu, pendant le dîner, l'agréable surprise de recevoir un paquet cacheté à mon adresse, envoyé de Sayda par Durighello. Il contient les maudits calepins de l'abbé, qui nage dans l'allégresse, en pensant qu'il est rentré en possession de ses signes lapidaires et de ses absides. Moi, je regrette un peu, je l'avoue, les napoléons qu'a coûtés la recherche de ces deux bienheureux livrets, sans compter ceux que j'ai semés sur ma route.

6 janvier.

Nous espérions nous embarquer aujourd'hui sur le bateau des Messageries impériales, retournant à Marseille par Smyrne.

Au réveil, pas de bateau. La mer est très houleuse; il y a eu certainement gros temps au large. Mais le *Dupleix,* — c'est le navire attendu, — va sans doute arriver, et le jour perdu se rattrapera sur les escales.

Bien avant midi, le temps est tout à fait gâté, et la mer est devenue affreuse. Enfin le *Dupleix* paraît; le commissaire et le docteur du bord sont dépêchés à terre, et il s'en faut de si peu qu'ils ne se noient, en entrant dans ce qu'on appelle assez plaisamment le port de

Beyrouth, qu'ils ne veulent pas entendre parler de retourner à bord. Les passagers du *Dupleix*, embarqués dans trois mahones, se sont dirigés sur ce port maudit. La première, portant le P. Bourquenoud, orientaliste et archéologue des plus distingués, a pu déposer ses passagers sans accident. Les deux autres, prises en travers par la barre, ont chaviré; personne n'a péri sur l'heure, mais tous les bagages ont été perdus, et, des malheureux repêchés tant bien que mal, un est mort peu d'heures après de froid et de peur. Du haut de la terrasse de l'hôtel, nous avons assisté à cet affreux spectacle, peu fait pour nous encourager à courir la même chance.

La pluie tombe avec rage; la mer est horrible, et le *Dupleix* s'est hâté de déraper et de se réfugier au Nahr-Beyrouth. Je comprends son commandant; il a sous les yeux la carcasse du *Jourdain*, sur laquelle les lames déferlent avec fureur. Il serait cruel d'aller lui tenir compagnie. Quant à l'*Impétueuse*, elle tient bon sur ses ancres, mais elle roule comme une barrique, la pauvre frégate, *panne sur panne*, comme disent les marins. Voilà notre embarquement manqué.

Du 7 au 11 janvier.

Le mauvais temps continue. La mer a bien

un peu molli, et le *Dupleix* se décide à revenir devant Beyrouth. Seulement, lorsqu'il y arrive, la nuit est venue aussi; tous nos bagages ont été descendus sur l'embarcadère, mais, il y a un *mais* que voici : pas un mahonier ne veut se risquer à nous porter à bord. — Payez d'abord la mahone, puis gagnez tous seuls le navire, comme vous pourrez. — Voilà ce qu'ils me proposent. Merci ! Je fais reporter tous nos bagages à l'hôtel, et c'est ainsi qu'on perd une semaine dans ce pays, où l'on ne sait comment prendre terre, et où il est plus difficile encore de prendre la mer.

Un détail : Quand maître Constantin, notre hôte, m'a apporté sa note, j'ai été pétrifié de la rotondité du chiffre réclamé. Sans une ombre de scrupule, j'ai rabattu deux cents francs sur le total, et le brave homme s'est contenté d'acquiescer, en souriant et en disant : — Comme vous voudrez. — Avis au lecteur !

Nous voilà forcés d'attendre l'*Euphrate*, qui doit arriver le 10, et qui nous portera à Alexandrie.

Tous nos amis s'ingénient pour adoucir notre réclusion forcée. Chaque jour, nous déjeunons par-ci et nous dînons par-là, festoyés partout. Nos soirées se passent, de fondation, chez M. Piciotto, où, en compagnie de charmantes femmes du meilleur monde, nous savourons de l'excellente musique, tout en fumant de bons cigares. N'était la *trempée* de la venue et celle du départ pour rentrer à l'hôtel, ces soirées seraient délicieuses.

A l'hôtel, c'est une autre affaire. Nos chambres s'ouvrent de plein-pied sur une cour, transformée en un petit lac par la pluie continue, si bien qu'il s'en faut de peu que nos lits ne naviguent pendant notre sommeil. Quand ce supplice finira-t-il?

Le 10 est arrivé, mais l'*Euphrate* ne l'est pas, et nous ne sommes guère plus avancés. Enfin, le 11, au réveil, le navire si impatiemment attendu est là. Nous voyons son pavillon, sa cheminée; c'est bien lui! et, miracle! le temps est beau.

Chat échaudé craint l'eau froide, dit la Sagesse des nations! Nous avons tant manqué d'embarquements depuis quelques jours, qu'il faudrait être insensé pour ne pas profiter de l'embellie inespérée que la clémence du ciel nous envoie. L'*Euphrate* ne doit quitter Beyrouth que dans la soirée, et dès neuf heures du matin, les embarcations de l'*Impétueuse*, mises gracieusement à notre disposition par M. de Chaillé, transportent nos innombrables colis à bord du paquebot. Nous avons, de nos personnes, séjourné à l'hôtel de Constantin un peu plus longtemps que nos bagages, le temps d'expédier un dernier déjeuner en compagnie de nos amis, et à une heure après midi, nous sommes tous à bord.

Quand on vient de passer quelques mois à partager les mêmes plaisirs et les mêmes misères, on ne se quitte pas sans un véritable serrement de cœur; aussi y a-t-il, dans les adieux que nous échangeons avec Salzmann et Gaillardot, une douleur qui, pour être cachée, n'en est pas moins vive de part et d'autre. Tous nos amis de Beyrouth sont venus à bord prendre congé de nous et nous donner une dernière fois la main.

12 janvier.

Le lendemain matin, de bonne heure, et après une nuit excellente, nous pouvions mouiller devant Jaffa. Notre ami, M. Philibert, Botros et son neveu Mikhaïl, qui nous avaient accompagnés pendant tout notre séjour en Judée, sont venus à bord nous souhaiter la bienvenue, et la continuation du plus heureux voyage. Ce brave Botros m'a apporté quatre immenses paniers d'oranges magnifiques, cueillies sur les arbres de son jardin.

A midi, nous levions l'ancre et nous filions grand train sur l'Égypte.

13 janvier.

La nuit a encore été parfaite, et nous avons admirablement marché; suivant toute apparence, avant quatre heures après midi, nous mouillerons dans le port d'Alexandrie.

Une fois de plus, nous avions compté sans l'inclémence des flots, comme disent les poètes. Vers midi, une brume épaisse, venant je ne sais d'où, s'est élevée autour de nous, et nous n'avons pas tardé à avoir quelque souci. Si la brume devenait plus épaisse, il serait évidemment impossible de se risquer dans les passes, où l'on ne peut cheminer avec sécurité qu'à la condition de bien voir les balises et la terre.

Ce que nous redoutions n'a pas manqué d'arriver. Vers trois heures, nous avons aperçu, à travers le brouillard, la silhouette oblitérée d'Alexandrie. Nous avons bien pu arriver, en marchant avec les plus extrêmes précautions et à très petite vitesse, jusqu'en vue d'un fantôme de balise; mais, quoique nous ne fussions pas à une portée de canon de la terre, on ne voyait rien qu'une muraille de brume. Ni le meks, ni les moulins, sur la position respective desquels il faut calculer sa marche, n'apparaissaient devant nous. Le pilote, d'accord en cela avec le commandant

Stolz, a reconnu l'impossibilité d'aller, sans un péril exorbitant, à une encâblure de plus, et nous avons viré prudemment, regagnant le large, et maugréant de toutes nos forces contre cette déplorable nécessité.

Nous avions raison de maugréer, car la mer s'est faite rapidement, et nous avons passé une nuit infernale à cinquante milles au moins de la côte égyptienne, en butte au roulis et au tangage, qui nous ont secoués de la façon la plus désagréable. Aussi, à bien peu d'exceptions près, tout le monde a-t-il été affreusement malade.

Lorsque le jour a commencé à poindre, nous avons fait route sur Alexandrie, avec l'espérance que la brume aurait été dissipée par la bourrasque de la nuit, et que nous pourrions franchir les passes. Il en a été ainsi ; mais il y avait si grosse mer, qu'il a fallu une extrême attention pour gagner sans accident l'avant-port. Un mouvement maladroit d'un grand vapeur anglais qui sortait, et qui nous a barré le passage, nous a forcés de mouiller subitement presque à l'entrée du port, en un point où la mer est à peu près aussi grosse qu'au large. Des grains de pluie torrentielle nous tombaient dessus à chaque instant, et le commandant nous a fortement engagés à attendre une embellie pour aller à terre. Nous avons donc déjeuné à bord de l'*Euphrate*, et vers midi seulement, une grande embarcation de l'Arsenal nous a amené l'excellent Abbat qui venait nous chercher. Une demi-heure après, nous étions sur le plancher des vaches, que nous avons trouvé transformé en une autre mer, mais de boue cette fois.

Nous avions six jours entiers à dépenser à Alexandrie, le paquebot ne devant repartir pour Marseille que le 19 janvier. J'avais donc formé, avec le commandant Stolz, le projet d'aller passer deux ou trois jours au Caire. Le mauvais temps a été si obstiné qu'il a fallu y renoncer.

19 janvier.

Enfin, le jour tant souhaité est arrivé; l'*Euphrate* doit prendre la mer vers deux heures après midi, et en attendant le moment de l'embarquement, tous les amis que je laisse à Alexandrie viennent partager mon déjeuner d'adieux, en compagnie du commandant Stoltz. Tout allait au mieux, et nous étions pleins de gaîté, lorsqu'un des officiers du bord accourt annoncer au commandant que le *Labourdonnais*, autre navire des Messageries impériales, vient, en quittant son mouillage, de se mettre au plein, c'est-à-dire de s'échouer tout près du point où nous étions venus mouiller nous-mêmes, à notre entrée à Alexandrie. Mauvaise affaire! Il faut nécessairement tirer ce vaisseau de la position fâcheuse dans laquelle il se trouve, car on ne sait jamais ce qui peut résulter d'un échouage. Nous nous hâtons donc de partir, pour aller porter secours au *Labourdonnais* en détresse, espérant que ce sera l'affaire d'une ou deux heures, et que nous pourrons quitter Alexandrie avec très peu de retard.

Dès que nous avons gagné le bord, l'*Euphrate* largue ses amarres, et nous filons, à la grande déconvenue des passagers, qui comptaient n'avoir à se faire porter qu'à la hauteur de la bouée des Messageries. Force leur est de nous suivre dans l'avant-port, où le *Labourdonnais* est cloué dans la vase. Le pauvre navire a fait tous les efforts imaginables pour se renflouer, mais sans l'ombre du succès. Enfin nous arrivons, et les dispositions sont prises rapidement, pour arracher le *Labourdonnais* à sa souille. Un énorme grelin est envoyé à bord; dès qu'il est bien amarré, notre machine est lancée à toute vapeur, et en un clin d'œil, le grelin se casse comme une ficelle d'un sou. Et d'un! On le remplace immédiatement, et on recommence. Même succès; et de deux! Aurions-nous un *jettator* à bord? Un troisième grelin subit le même sort, mais avec perfectionnement cette fois, car avant de se rompre, il enlève un fort joli morceau du bordage du *Labourdonnais*, en disloquant tant soit peu le nôtre. Et de trois ! Aux grands maux les grands remèdes ! Deux grelins sont envoyés au navire échoué et amarrés en croix ; probablement, l'effort de traction étant ainsi dédoublé, nous allons arriver au résultat désiré, sans plus faire d'avaries. Le reste du bordage de l'arrière du *Labourdonnais* y passe du coup ; le nôtre le suit en partie, et les deux grelins rompent aussi lestement que les trois premiers. Et de cinq ! Le navire échoué n'a pas plus bougé qu'une roche ; la chose devient donc sérieuse. Il est déjà quatre heures et demie, et nous voilà condamnés à recommencer demain matin.

Je renonce à dépeindre notre désolation. Le temps est superbe, et Dieu sait ce que ce retard peut nous valoir en route ! Comme on doit sagement se résigner à ce qu'on ne peut pas empêcher, il a bien fallu en prendre notre parti, dîner et coucher à bord, comme si nous étions à cent lieues de la terre.

Du 20 au 23 janvier.

Le lendemain matin, au point du jour, l'opération a recommencé, mais sans secousse.

A sept heures et demie, un cri de joie part des deux bords à la fois : le *Labourdonnais* a fini par bouger; en quelques minutes il est remis à flot, et nous voilà en liberté. Dieu soit loué !

Nous n'avions plus de temps à perdre, et avant neuf heures, nous étions hors des passes, faisant route sur Messine. Tout a d'abord été au mieux; nous avions le vent pour nous, et pendant toute la journée, la nuit et le jour suivant, nous avons marché très convenablement. Nous étions pleins de joie et d'espoir, et nous avions depuis deux heures gagné nos couchettes, lorsqu'après avoir doublé la pointe de Candie et l'île de Gozzo, que nous avions eues constamment en vue pendant la soirée, nous avons été pris, un peu avant minuit, par un grain de grêle formidable. En moins d'une demi-heure, le vent est devenu des plus violents, soufflant de l'est, et la mer a été promptement démontée. Tant que nous sommes restés en route, nous avons été secoués de la plus horrible façon, et vers quatre heures du matin, nous avons embarqué un énorme paquet de mer qui a défoncé les claires-voies de la machine, et rempli d'eau la cage de celle-ci. Notre mât de charge est tombé sur le pont, qu'il a failli défoncer, en se cassant lui-même; quelques matelots ont fait d'affreuses chutes, et l'un d'eux a reçu sur la tête une poulie qui l'a assommé, ou peu s'en faut.

Tout est disloqué à bord, et les passagers sont dans la consternation, se croyant arrivés à leur dernière heure.

Il est de fait que la situation n'est pas riante. Nos braves officiers, après avoir lutté avec la plus admirable énergie, tant qu'ils l'ont pu, renoncent à tenir tête à la mer, et pour éviter de recevoir un second paquet de mer, qui pourrait bien nous envoyer à fond, le commandant met à la cape; il était temps, je crois, si nous ne voulions pas courir la même chance que l'*Atlas*, dont la triste histoire était déjà connue en Syrie et en Egypte, au moment de notre départ.

23 janvier.

Pendant toute la journée suivante, nous avons été secoués par une forte houle, venant de l'Adriatique, devant l'ouverture de laquelle nous avons passé dans la matinée. Vers deux heures après midi, nous étions encore à une centaine de milles de Messine.

Il nous a fallu tout le reste de cette journée et toute la nuit suivante pour atteindre ce port si ardemment désiré. Au petit jour nous étions mouillés, oubliant déjà toutes les misères des journées précédentes. Nous avons trouvé, arrivés avant nous, deux navires qui ont essuyé la même bourrasque; l'un est un paquebot russe, qui a eu presque tous ses bastingages rasés par un coup de mer qui lui a emporté plusieurs hommes; l'autre ne se porte guère mieux ; c'est l'*Assyrien*, de la compagnie Bazin de Marseille; il transportait une cinquantaine de chevaux à Alexandrie, et tous ont été enlevés! Décidément, nous devons nous estimer heureux d'être encore les moins maltraités des trois.

Nous n'avons séjourné que deux heures à Messine, juste ce qu'il fallait de temps pour déposer et ramasser les dépêches; puis nous avons immédiatement repris la mer. La majeure partie des passagers a jugé prudent de débarquer à Messine. Espérons que notre *jettator* est du nombre.

Et de fait, à partir de Messine, nous avons eu très belle mer jusqu'à Marseille; nous redoutions le mistral, et il nous a fait grâce. Je ne veux pas oublier un fait qui doit être assez rare; toute la Calabre, toute la Sicile, et le Stromboli lui-même étaient couverts d'un immense linceul de neige.

Dans la nuit du 26 au 27 janvier, nous entrions dans le port de la Joliette. Cinq ou six heures après, nous avions pris place dans un train express, qui nous déposait en gare de

Paris, le 28 janvier, à six heures du matin.

Et maintenant, adieu à tout jamais à ce beau ciel de l'Orient, à ces terres illustres entre toutes, que je ne reverrai probablement plus, mais dont le souvenir ne s'effacera pas de mon cœur.

TABLE DES MATIÈRES

VOYAGE EN TERRE SAINTE.

SÉJOUR A JÉRUSALEM.

Paris. — Typ. Alcan Lévy, Boul. Clichy, 62.

www.ingramcontent.com/pod-product-compliance
Ingram Content Group UK Ltd.
Pitfield, Milton Keynes, MK11 3LW, UK
UKHW022326190726
13856UKWH00001B/239